煤矸石和尾矿相关标准汇编

主编单位　华电电力科学研究院有限公司
主　　编　彭桂云　王栋民　王群英
副 主 编　刘　泽

中国建材工业出版社

图书在版编目（CIP）数据

煤矸石和尾矿相关标准汇编 / 彭桂云，王栋民，王群英主编．-- 北京：中国建材工业出版社，2020.1
ISBN 978-7-5160-2754-7

Ⅰ.①煤… Ⅱ.①彭… ②王… ③王… Ⅲ.①煤矸石利用-标准-汇编-中国②尾矿利用-标准-汇编-中国 Ⅳ.①TD849-65②TD926.4-65

中国版本图书馆 CIP 数据核字（2019）第 289252 号

内容简介

本书将近年来最新的煤矸石、尾矿国家标准、行业标准汇编成册，并将部分地方标准列出目录，形成完整的工具书，内容涉及材料界定、技术规范、性能测试、分析方法等诸多方面。

本书既适用于煤矸石和尾矿行业管理者、技术人员、研发人员作为参考书之用，又可作为大宗固废培训会的教材用书。

煤矸石和尾矿相关标准汇编
Meiganshi he Weikuang Xiangguan Biaozhun Huibian
主编单位　华电电力科学研究院有限公司
主　　编　彭桂云　王栋民　王群英
副 主 编　刘　泽

出版发行：中国建材工业出版社
地　　址：北京市海淀区三里河路 1 号
邮　　编：100044
经　　销：全国各地新华书店
印　　刷：北京鑫正大印刷有限公司
开　　本：787mm×1092mm　1/16
印　　张：15
字　　数：380 千字
版　　次：2020 年 1 月第 1 版
印　　次：2020 年 1 月第 1 次
定　　价：200.00 元

本社网址：www.jccbs.com，微信公众号：zgjcgycbs
请选用正版图书，采购、销售盗版图书属违法行为

前　言

煤矸石和尾矿是我国矿山行业在开采和加工过程中产生的两大类重要的矿业固体废弃物，数量都以年产生量数亿吨计。其中煤矸石年产生量在5亿吨以上，尾矿年产量在10亿吨以上。其转化利用具有资源价值、生态价值和社会意义。

煤矸石按照工艺可分为掘进矸石、夹层矸石和洗选矸石；按照成分可分为高岭土系、石灰岩系和砂岩系等。尾矿根据采选矿目标产物的不同又有多个类别，如铁尾矿、铜尾矿、铅锌尾矿、黄金尾矿等。煤矸石和尾矿的资源化利用是煤炭行业和矿业行业实现可持续发展的重要环节。

煤矸石和尾矿的综合利用涉及政策、技术、环境和标准问题。在如今生态文明高度发展的今天，政策的各种重大利好和环境的压力都促进其生态利用。在技术层面上，煤矸石的利用已经形成诸如热解技术、发电技术、黏土质利用（包括烧制水泥、碱胶凝材料、辅助性胶凝材料和建筑制品）技术、骨料制备及在沥青混凝土和水泥混凝土“黑白两道”中的利用技术、矿井充填材料制备与应用技术、煤矸石系高岭土制备技术、矸石道路材料技术、从矸石中提取化工产品和有价元素、在农业中的应用技术等；在尾矿方面，尾矿分离制备细骨料、矿井回填材料制备、土壤改良与生态修复、硅钙板材与砌块制备、墙体材料与节能保温材料制备等应用不断发展和成熟。

标准化是技术和产品成熟和规模化的重要标志和推动力。煤矸石和尾矿业已形成一系列重要的、有代表性的、有影响力的标准和体系，本书采集的就是其中的精华。在煤矸石部分中，涉及标准包括：(1) 煤矸石的基础测试标准，如烧失量的测试、淋溶试验的方法、煤矸石检验通则、建材用煤矸石化学分析方法、放射性核素限量等；(2) 产品类标准，如烧结普通砖，烧结空心砖和砌块；(3) 土地复垦方案编制规程系列；(4) 余热利用，如煤矸石烧结砖隧道窑余热利用技术规程；(5) 应用技术规程类，如生态充填技术规程、填埋造田技术规程、高寒公路规程应用技术规程、煤矸石厂植被建设技术规程等。在尾矿方面，涉及标准包括：(1) 尾矿坝工程技术规范，如排渗加固技术和岩土工程技术；(2) 铁尾矿砂混凝凝土应用技术；(3) 应用产品技术，如非烧结垃圾尾矿砖；(4) 尾矿用于路基施工技术，如铁尾矿砂路基施工技术和铁尾矿用于公路集成施工技术等。

《煤矸石和尾矿相关标准汇编》主要汇集了煤矸石及尾矿共 22 项，其中国家标准 11 项、行业标准 4 项、地方标准 7 项。把这些相关标准放在一起的好处是，便于对照分析、方便查阅、指导应用，对于建材行业工程技术人员、管理人员、研发与检测人员查阅、学习与应用非常便利。

希望本标准汇编能够对读者有所裨益。编者在编辑过程中希望尽可能将实施的重要标准收入本书，但仍然可能有疏漏，敬请读者批评指出，以便在修订时加入；同时在修订中更新的标准会自动收录，也欢迎读者提出意见和建议。

中国矿业大学（北京）化学与环境工程学院教授、博导
中国硅酸盐学会固废与生态材料分会理事长
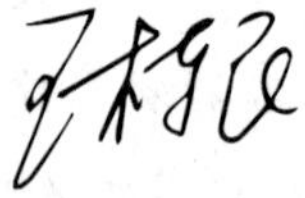

目　录

一、国家标准

煤矸石烧失量的测定 GB/T 35986—2018

1 范围

本标准规定了煤矸石烧失量测定的方法提要、仪器设备、分析步骤、分析结果的计算及方法精密度。

本标准适用于煤矸石烧失量的测定。

2 规范性引用文件

下列文件对于本文件的应用是必不可少的。凡是注日期的引用文件，仅注日期的版本适用于本文件。凡是不注日期的引用文件，其最新版本（包括所有的修改单）适用于本文件。

GB/T 33687 煤矸石检验通则

3 方法提要

将105℃±5℃干燥后的煤矸石试样，于800℃±10℃温度下灼烧至恒重，以失去的质量计算烧失量。

4 仪器设备

4.1 瓷坩埚：10mL。

4.2 鼓风干燥烘箱：带有自动控温装置，能保持温度在105℃±5℃范围内。

4.3 马弗炉：炉膛具有足够的恒温区，能保持温度为800℃±10℃。

4.4 分析天平：分度值0.1mg。

4.5 干燥器：内装干燥剂。

4.6 耐热瓷板或石棉板。

5 分析步骤

5.1 将瓷坩埚（4.1）置于预先升温至800℃±10℃的马弗炉（4.3）中，控制温度800℃±10℃灼烧30min。取出置于耐热瓷板或石棉板（4.6）上，在空气中冷却5min左右，移入干燥器（4.5）中冷却（约30min）至室温后迅速称量（称准至0.0002g）。

5.2 准确称取粒度小于0.2mm的煤矸石试样1g（称准至0.0002g），放入经5.1处理后的瓷坩埚中，置于鼓风干燥烘箱（4.2）中，控制温度105℃±5℃干燥2h，取出，放入干燥器中冷却（约30min）至室温，称量（称准至0.0002g）。

5.3 将5.2烘干的试样置于炉温不超过100℃的马弗炉恒温区，关炉门并使炉门留有15mm左右的缝隙。在不少于30min的时间内将炉温缓慢升至500℃，并在此温度下保持30min。继续升温到800℃±10℃，灼烧1h，取出置于耐热瓷板或石棉板上，在空气中冷却5min左右，移入干燥器中冷却（约30min）至室温，迅速称量（称准至0.0002g）。

5.4 将5.3中称量后的坩埚及试样置于800℃±10℃的马弗炉中，进行检查性灼烧，每次

20min，直到连续两次灼烧后的质量变化不超过 0.0010g 为止。以最后一次灼烧后的质量为计算依据。

6 分析结果的计算

按式（1）计算煤矸石烧失量的质量分数：

$$w=\frac{m_2-m_3}{m_2-m_1}\times100\% \tag{1}$$

式中：

w——煤矸石烧失量的质量分数；

m_1——于 800℃±10℃灼烧干燥后坩埚的质量，单位为克（g）；

m_2——于 105℃±5℃干燥后试样及坩埚的质量，单位为克（g）；

m_3——于 800℃±10℃灼烧后残留物及坩埚的质量，单位为克（g）。

计算结果的修约按照 GB/T 33687 执行。

7 方法精密度

煤矸石烧失量的精密度如表 1 规定。

表 1 煤矸石烧失量的精密度

w/%	重复性限/%	再现性/%
≤25.00	0.20	0.30
25.00～40.00	0.30	0.50
>40.00	0.50	0.70

煤和煤矸石淋溶试验方法 GB/T 34230—2017

1 范围

本标准规定了煤和煤矸石淋溶试验的术语和定义、方法提要、试样处理、淋溶、浸出液测定和试验报告。

本标准适用于煤和煤矸石。

2 规范性引用文件

下列文件对于本文件的应用是必不可少的。凡是注日期的引用文件，仅注日期的版本适用于本文件。凡是不注日期的引用文件，其最新版本（包括所有的修改单）适用于本文件。

GB/T 211 煤中全水分的测定方法

GB/T 474 煤样的制备方法

GB/T 3058 煤中砷的测定方法

GB/T 4633 煤中氟的测定方法

GB/T 6682 分析实验室用水规格和试验方法

GB/T 16658 煤中铬、镉、铅的测定方法

GB/T 16659 煤中汞的测定方法

GB/T 19225 煤中铜、钴、镍、锌的测定方法

GB/T 19494.2 煤炭机械化采样 第2部分：煤样的制备

3 术语和定义

下列术语和定义适用于本文件。

3.1

淋溶 leaching

煤和煤矸石中可溶性成分经溶解、水化、水解、碳酸化等作用，从固相进入液相的过程。

3.2

浸出毒性 leaching toxicity

煤和煤矸石遇水浸沥，浸出的有害元素汞、砷、氟、铜、镍、锌、铅、镉和铬等迁移转化，污染环境，这种危害特性称为浸出毒性。

4 方法提要

一定质量和粒度的煤或煤矸石样品与淋溶剂混合后放入密封的淋溶容器中，在一定转速的翻转式搅拌机上搅拌一定时间后静置，用慢速定性滤纸过滤，测定浸出液的 pH 值和汞、砷、氟、铜、镍、锌、铅、镉和铬的浓度。

5 试样处理

5.1 试样制备

按 GB/T 474 或 GB/T 19494.2 规定的方法将煤或煤矸石样品破碎到标称最大粒度为 6mm，缩分至质量不少于 3.75kg 后，用二分器迅速缩分出两份各至少 1.25kg 的样品装入密封容器中，一份用于测定全水分，一份用于淋溶试验。

5.2 试样全水分测定

按 GB/T 211 测定煤或煤矸石样品的全水分。

6 淋溶

6.1 试剂和材料

6.1.1 淋溶剂：水，应不低于 GB/T 6682 规定的三级。

6.1.2 滤纸：慢速定性滤纸。

6.2 仪器设备

6.2.1 淋溶装置：翻转式搅拌机，能控制转速为（30±2）r/min，见图 1。

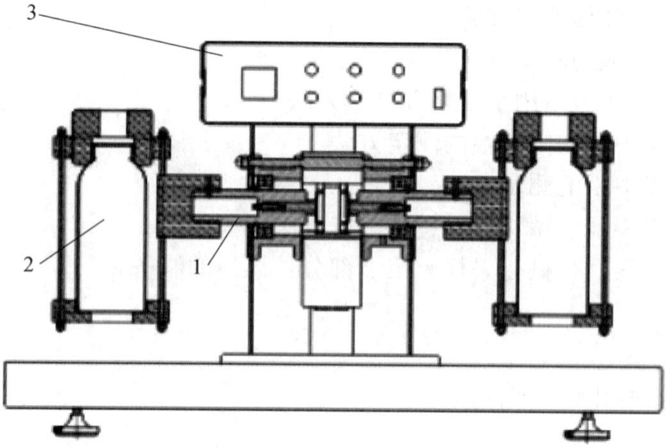

说明：
1—传动轴；
2—淋溶容器；
3—控制器。

图 1 淋溶装置示意图

6.2.2 淋溶容器：具有密封盖的圆柱形广口瓶，容量约 1L，直径约 80mm，高约 200mm，由不能浸出或吸附样品所含成分的惰性材料（如：玻璃或聚乙烯等）制成。

6.2.3 接收容器：具有密封盖，容量约 1L，由不能浸出或吸附样品所含成分的惰性材料（如：玻璃或聚乙烯等）制成。

6.2.4 天平：最大称量 200g，分度值 0.01g。

6.3 淋溶步骤

6.3.1 准确称取相当于 70.00g 干燥基煤或干燥基煤矸石的样品（称准到 0.02g），称取的

试验样品质量 m（g）按式（1）计算：

$$m=\frac{70.00}{100-M_1}\times 100 \tag{1}$$

式中：

m——称取的试验样品质量，单位为克（g）；

M_1——试验样品的全水分，%。

6.3.2 将称取的试验样品置于淋溶容器中，加入 700mL 淋溶剂，盖紧瓶盖后固定在翻转式搅拌机上，调节转速为（30±2）r/min，在室温下翻转搅拌 18h 后取下淋溶容器，静置 30min。

6.3.3 通过慢速定性滤纸用倾泻法过滤到接收容器中，确保每次试验前漏斗和接收容器均是干燥的。收集全部滤液，即为浸出液，摇匀后供测定用。

6.4 空白试验

分析每批试样的同时制备一个空白溶液，样品空白溶液的制备除不加样品外，其余操作按 6.3.2～6.3.3 进行。

7 浸出液测定

7.1 pH 值

7.1.1 试剂

7.1.1.1 水：应不低于 GB/T 6682 规定的三级。

7.1.1.2 标准缓冲溶液：按 pH 计说明书规定的方法配置标准缓冲溶液。

7.1.2 仪器设备

7.1.2.1 pH 计：能测量到 0.01pH 单位。

7.1.2.2 电磁搅拌器：连续可调。

7.1.3 试验步骤

7.1.3.1 按 pH 计的使用说明书准备 pH 计。

7.1.3.2 将浸出液和标准缓冲溶液置于同一室温下达到温度平衡，记录测定时的室温。

7.1.3.3 选用两个与被测浸出液 pH 值相差不超过±2 个 pH 值的标准缓冲溶液校准 pH 计。

7.1.3.4 吸取浸出液 50mL，注入 100mL 烧杯中，将 pH 计电极插入烧杯的溶液内，构成原电池，通过测量原电池的电动势得到浸出液的 pH 值，待读数稳定后记录。

7.1.4 结果表述

测定结果记录至小数点后 2 位，以重复测定结果的平均值报出。

7.1.5 方法精密度

重复测定结果的差值应不超过 0.20。

7.2 浸出液中各元素

7.2.1 汞

按照 GB/T 16659 规定的方法测定。

7.2.2 砷

按照 GB/T 3058 规定的方法测定。

7.2.3 氟

按照 GB/T 4633 规定的方法测定。

7.2.4 铬、镉、铅

按照 GB/T 16658 规定的方法测定。

7.2.5 铜、镍、锌

按照 GB/T 19225 规定的方法测定。

7.2.6 结果计算

浸出液中各元素的浓度按式（2）计算：

$$c_x=\frac{m-m_o}{V} \tag{2}$$

式中：

c_x——浸出液中各元素的浓度，单位为毫克每升（mg/L）；

m——用相关标准测定出浸出液中各元素浓度换算出的质量，单位为微克（μg）；

m_o——用相关标准测定出空白液中各元素浓度换算出的质量，单位为微克（μg）；

V——测定浸出液中各元素时吸取的浸出液体积，单位为毫升（mL）。

7.2.7 方法精密度

浸出液中汞、砷和氟的浓度重复测定结果的差值不应超过10%（相对），浸出液中铜、镍、锌、铅、镉和铬的浓度重复测定结果的差值不应超过15%（相对）。

8 试验报告

试验报告至少应包含下列信息：

——试样编号；

——依据标准；

——试验结果；

——与标准的偏离；

——试验中观察到的异常现象；

——试验日期。

附 录 A
（资料性附录）
煤和煤矸石浸出毒性鉴别

煤和煤矸石淋溶试验浸出液中汞、砷、氟、铜、镍、锌、铅、镉和铬的浓度有一种或一种以上的超过了表 A.1 所规定的浓度限值，则该煤或煤矸石被确定为具有浸出毒性。

表 A.1 煤和煤矸石浸出毒性鉴别标准值

序号	危害成分	浸出液中元素浓度限值/（mg/L）
1	汞	0.1
2	砷	5

续表

序号	危害成分	浸出液中元素浓度限值/（mg/L）
3	氟	100
4	铜	100
5	镍	5
6	锌	100
7	铅	5
8	镉	1
9	铬	15
注：表 A.1 引自于 GB 5085.3 中所列部分危害成分的浸出毒性鉴别值。		

参 考 文 献

[1] GB 5085.3　危险废物鉴别标准　浸出毒性鉴别

煤矸石检验通则 GB/T 33687—2017

1 范围

本标准规定了煤矸石检验的总则、样品、测定、溶液及其浓度、结果表述、方法的精密度、检测记录和检测报告。

本标准适用于煤矸石的检验。

2 规范性引用文件

下列文件对于本文件的应用是必不可少的。凡是注日期的引用文件，仅注日期的版本适用于本文件。凡是不注日期的引用文件，其最新版本（包括所有的修改单）适用于本文件。

GB/T 601 化学试剂 标准滴定溶液的制备

GB 3100 国际单位制及其应用

GB/T 3101 有关量、单位和符号的一般原则

GB/T 3102（所有部分） 量和单位

GB/T 6379.2 测量方法与结果的准确度（正确度与精密度）第 2 部分：确定标准测量方法重复性与再现性的基本方法

GB/T 6682 分析实验室用水规格和试验方法

GB/T 8170 数值修约规则与极限数值的表示和判定

3 总则

3.1 煤矸石检验标准中所列方法，可用于仲裁分析、验证其他分析方法、标准物质定值分析及例行分析。

3.2 煤矸石检验标准中同一个项目如果有两个或两个以上的检验方法时，可根据样品的组成和含量及需求情况选择。

3.3 制（修）订煤矸石检验方法时，应采用最新国际原子量。

3.4 物质的量、单位和符号按 GB 3100、GB/T 3101 和 GB/T 3102 的要求执行。

3.5 数字修约方法按 GB/T 8170 的规定进行。

3.6 分析测试中使用的指示剂不分规格，其他试剂凡未指明规格者，均为分析纯（AR），当需要其他规格时应另作说明。同时应注意试剂的保存方法及有效时间。

3.7 实验用水的规格应符合 GB/T 6682 的规定。

3.8 分析测试中使用的基准物质、标准溶液应进行核查比对。

3.9 检测中使用的所有对分析结果准确度有影响的仪器、设备和计量器具均应在检定/校准有效期内。

3.10 容量器具（容量瓶、滴定管、移液管、比色管等）应选用国家标准 A 级产品，并按有关规定进行校准。

3.11 配制、贮存试剂溶液，一般采用硬质玻璃容器。对容器有腐蚀性、容易分解的试剂，

以及对样品有沾污、吸附影响的容器，应指明容器的材质、贮存时的注意事项及贮存时间。

4 样品

4.1 接收

实验室接收样品时，应记录样品的数量、粒度、外观、包装等状态。

4.2 制备

在适宜的设备和环境下，通过空气干燥或预加热干燥、破碎、过筛、缩分等步骤对样品进行制备。除特殊要求外，试样粒度应小于 0.2mm。

4.3 试样保存

试样应在达到空气干燥状态后装入密闭的容器中。

5 测定

5.1 方法要求

5.1.1 所有检测方法和程序应以技术规范或标准的形式予以规定，并严格执行。检测方法对煤矸石应有良好的适用性，测定结果的重复性、准确性和测量不确定度均要满足要求。

5.1.2 检测方法和程序中应根据情况对方法原理、试剂和材料、仪器设备、样品、测定步骤、结果计算和表述，以及方法精密度等做出规定。

5.2 测定次数

除特别要求外，每项分析测试对同一样品进行 2 次测定（一般为重复测定）。2 次测定的差值如不超过重复性限 r，则取其算术平均值作为测定结果；否则，需进行第 3 次测定。如 3 次测定值的极差小于或等于 $1.2r$，则取 3 次测定值的算术平均值作为测定结果；否则，需要进行第 4 次测定。如 4 次测定值的极差小于或等于 $1.3r$，则取 4 次测定值的算术平均值作为测定结果；如极差大于 $1.3r$，而其中 3 个测定值的极差小于或等于 $1.2r$，则可取此 3 个测定值的算术平均值作为测定结果。如上述条件均未达到，则应舍弃全部测定结果，并检查仪器和操作，然后重新进行测定。

5.3 试样称取

称取试样时，应将试样充分混匀，用多点取样法尽可能从容器的不同部位取出。

5.4 空白试验

测定样品时，化学分析应进行空白试验。空白试验应与样品试验使用同一瓶试剂配制溶液，同时、同过程、同条件操作。计算结果应扣除空白值。

6 溶液及其浓度

6.1 配制溶液与分析过程中所用的水，除特殊说明外，至少应符合 GB/T 6682 要求的三级水的规格。

6.2 凡以水作溶剂的溶液称为水溶液，一般简称溶液，以其他液体为溶剂的溶液，则在其前面冠以溶剂的名称。

6.3 标准中常用的溶液浓度采用以下表示方式：

a) 物质 B 的质量浓度：物质 B 的质量除以混合物之总体积。其单位常用 g/L、mg/L、mg/mL、μg/mL、或 ng/mL 等表示。

b）物质B的物质的量浓度或物质B的浓度：物质B的物质的量除以混合物之总体积。其单位常用mol/L、mmol/L等表示，在实际应用时应指明溶质的基本单元形式。

c）物质B的质量分数：溶质的质量与溶液（溶质+溶剂）的质量之比，亦即物质B的质量与混合物的质量之比，常用%、10^{-2}、10^{-4}、10^{-6}、10^{-9}等表示。

d）质量比：混合物中两特定成分同类量之比。常用“m_1+m_2”表示，即将质量为m_1和质量为m_2的试剂混合均匀。

e）物质B的体积分数：纯物质B与混合物在相同温度和压力下的体积之比，常用mL/L或其分倍数表示。

f）体积比：液体试剂与溶剂体积之比。常用“V_1+V_2”表示，即将体积为V_1的特定溶液加入到体积为V_2的溶剂中。

6.4 方法标准中的换算因数、标准溶液的浓度，均应保留四位有效数字。

6.5 标定标准溶液按GB/T 601的要求执行。

6.6 配制的标准系列溶液，应用标准贮备液逐级稀释配制而成，用时现配。

7 结果表述

检测结果以质量分数w（B）表示。通常情况下，主成分结果w（B）以%或10^{-2}表示，可表示为××.××、×.××、0.×××。微量元素分析结果w（B）以微克每克（μg/g）或10^{-6}表示，大于1μg/g可表示为×.××、××.×、×××；小于1μg/g可表示为0.××、0.0××。

8 方法的精密度

煤矸石检测方法的精密度，以重复性限和再现性临界差表示。

重复性限和再现性临界差，按GB/T 6379.2通过多个实验室对多个样品进行的协同试验来确定。

重复性限r按式（1）计算：

$$r=\sqrt{2}\times t_{0.05}\times s_r \tag{1}$$

再现性临界差R按式（2）计算：

$$R=\sqrt{2}\times t_{0.05}\times s_R \tag{2}$$

式中：

s_r——实验室内重复测定的单个结果的标准差；

s_R——实验室间测定结果（单个实验室重复测定结果的平均值）的标准差；

$t_{0.05}$——95%概率下的t值。

9 检测记录和检测报告

9.1 检测记录

检测记录应按规定的格式、术语、符号和法定计量单位填写，一般包括以下内容：

a）检测项目名称，记录表格管理编号，页码、总页数的标识；

b）检测日期；

c）检测依据的标准或方法及使用主要仪器设备名称及编号；
d）样品的实验室编号；
e）样品前处理情况（必要时）；
f）检测数据；
g）检测结果及计算；
h）检测时的环境条件；
i）检测人和校核人；
j）其他需要说明的问题或需要增加的内容（必要时）。

9.2 检测报告

检测报告应按规定的格式、术语、符号和法定计量单位编制，一般包括以下内容：

a）报告名称、编号、页码、总页数；
b）检测单位名称、地址；
c）报告的唯一性标识，以及报告结束的清晰标识；
d）委托单位的名称和地址（必要时）；
e）所用标准或方法的识别；
f）样品的状态描述和标识；
g）样品送样日期；
h）检测日期（必要时）；
i）检测项目及结果；
j）样品采取程序（必要时）；
k）主检、审核和报告批准人签字或等效的标识；
l）加盖检验检测专用章；
m）报告批准日期；
n）实验室对报告的有关声明（适用时）。

煤矸石分类 GB/T 29162—2012

1 范围

本标准规定了煤矸石的分类类别和命名表述。

本标准适用于煤矸石的产出与资源化利用。

2 规范性引用文件

下列文件对于本文件的应用是必不可少的。凡是注日期的引用文件，仅注日期的版本适用于本文件。凡是不注日期的引用文件，其最新版本（包括所有的修改单）适用于本文件。

GB/T 212 煤的工业分析方法

GB/T 214 煤中全硫的测定方法

GB/T 1574 煤灰成分分析方法

3 术语和定义

下列术语和定义适用于本文件。

3.1

煤矸石 Gangue

在煤矿建井、开拓掘进、采煤和煤炭洗选过程中产生的干基灰分＞50％的岩石。

4 分类类别

4.1 按全硫含量分类

煤矸石按全硫的低、中、中高、高划分为四个类别，对应的编码为 1、2、3、4。类别划分见表 1。其测定方法见 GB/T 214。

表 1 煤矸石按全硫含量分类

编码	类别名称	全硫（$S_{t,d}$）含量范围/％
1	低硫煤矸石	$S_{t,d} \leqslant 1.00$
2	中硫煤矸石	$1.00 < S_{t,d} \leqslant 3.00$
3	中高硫煤矸石	$3.00 < S_{t,d} \leqslant 6.00$
4	高硫煤矸石	$6.00 < S_{t,d}$

4.2 按灰分产率分类

煤矸石按灰分产率的低、中、高划分为三个类别，对应的编码为 1、2、3。类别划分见表 2。其测定方法见 GB/T 212。

表 2　煤矸石按灰分产率分类

编码	类别名称	灰分（A_d）产率范围/%
1	低灰煤矸石	$A_d \leqslant 70.00$
2	中灰煤矸石	$70.00 < A_d \leqslant 85.00$
3	高灰煤矸石	$85.00 < A_d$

4.3　按灰成分分类

煤矸石类型以钙镁含量划分，钙镁含量 $w_{CaO+MgO} > 10\%$ 划分为钙镁型煤矸石，其余为铝硅型煤矸石，对应编码为 1、2。类型划分见表 3。其测定方法见 GB/T 1574。

表 3　煤矸石按灰成分分类

编码	类型名称	钙镁含量 $w_{CaO+MgO}$ 范围/%
1	钙镁型煤矸石	$w_{CaO+MgO} > 10$
2	铝硅型煤矸石	$w_{CaO+MgO} \leqslant 10$

其中铝硅型煤矸石按铝硅比含量的低、中、高划分为三个等级，对应的编码为 1、2、3。等级划分见表 4。

表 4　铝硅型煤矸石按铝硅比

编码	类别名称	铝硅比 $m(Al_2O_3)/m(SiO_2)$ 范围/%
1	低级铝硅比煤矸石	$m(Al_2O_3)/m(SiO_2) \leqslant 0.30$
2	中级铝硅比煤矸石	$0.30 < m(Al_2O_3)/m(SiO_2) \leqslant 0.50$
3	高级铝硅比煤矸石	$0.50 < m(Al_2O_3)/m(SiO_2)$

5　命名表述

煤矸石分类名称的冠名顺序以全硫含量、灰分产率、灰成分分类依次排列。其编码表示为×××或者×××（×）。

——第一位数字表示煤矸石按全硫含量分类。1 为低硫煤矸石，2 为中硫煤矸石，3 为中高硫煤矸石，4 为高硫煤矸石。

——第二位数字表示煤矸石按灰分产率分类。1 为低灰煤矸石，2 为中灰煤矸石，3 为高灰煤矸石。

——第三位数字表示煤矸石的类型。1 为钙镁型煤矸石，2 为铝硅型煤矸石。

——括号内数字表示煤矸石的铝硅等级。1 为 1 级铝硅比，2 为 2 级铝硅比，3 为 3 级铝硅比。

煤矸石的分类类别名读写按其编码对应的分类名依次读写。

——如编码为 321 的煤矸石读写为中高硫中灰钙镁型煤矸石（1 级铝硅比）。

——如编码为 322（1）的煤矸石读写为中高硫中灰铝硅型煤矸石（1 级铝硅比）。

建材用粉煤灰及煤矸石化学分析方法 GB/T 27974—2011

1 范围

本标准规定了建材用粉煤灰及煤矸石化学分析方法。

本标准适用于建材用粉煤灰及煤矸石和指定采用本标准的其他材料。

2 规范性引用文件

下列文件对于本文件的应用是必不可少的。凡是注日期的引用文件，仅注日期的版本适用于本文件。凡是不注日期的引用文件，其最新版本（包括所有的修改单）适用于本文件。

GB/T 6682 分析实验室用水规格和试验方法

GB/T 12573 水泥取样方法

3 试验的基本要求

3.1 试验次数与要求

每项试验次数为两次，用两次试验结果的平均值表示测定结果。

在进行化学分析时，除另有说明外，必须同时进行烧失量的测定；其他各项测定应同时进行空白试验，并对测定结果加以校正。

3.2 质量、体积、滴定度和结果的表示

用克（g）表示质量，精确至0.0001g。滴定管体积用毫升（mL）表示，精确至0.05mL。滴定度单位用毫克每毫升（mg/mL）表示。

标准滴定溶液的滴定度和体积比经修约后保留有效数字四位。

除另有说明外，各项分析结果均以质量分数计。各项分析结果以%表示至小数后二位。

3.3 空白试验

使用相同量的试剂，不加入试样，按照相同的测定步骤进行试验，对得到的测定结果进行校正。

3.4 灼烧

将滤纸和沉淀放入预先已灼烧并恒量的坩埚中，为避免产生火焰，在氧化性气氛中缓慢干燥、灰化，灰化至无黑色炭颗粒后，放入高温炉（5.7）中，在规定的温度下灼烧。在干燥器（5.5）中冷却至室温，称量。

3.5 恒量

经第一次灼烧、冷却、称量后，通过连续对每次15min的灼烧，然后冷却、称量的方法来检查恒定质量，当连续两次称量之差小于0.0005g时，即达到恒量。

3.6 检查氯 Cl^- 离子（硝酸银检验）

按规定洗涤沉淀数次后，用数滴水淋洗漏斗的下端，用数毫升水洗涤滤纸和沉淀，将滤液收集在试管中，加几滴硝酸银溶液（4.28），观察试管中溶液是否浑浊。如果浑浊，继续洗涤并定期检查，直至用硝酸银检验不再浑浊为止。

4 试剂和材料

除另有说明外，所用试剂应不低于分析纯。所用水应符合 GB/T 6682 中规定的三级水要求。

本标准所列市售溶液体试剂的密度指 20℃的密度（ρ），单位为克每立方厘米（g/cm^3）。在化学分析中，所用酸或氨水，凡未注浓度者均指市售的浓酸或浓氨水。用体积比表示试剂稀释程度，例如，盐酸（1+2）表示 1 份体积的浓盐酸与 2 份体积的水相混合。

4.1 盐酸（HCl）

ρ 为 $1.18g/cm^3 \sim 1.19g/cm^3$，质量分数 36%～38%。

4.2 氢氟酸（HF）

ρ 为 $1.15g/cm^3 \sim 1.18g/cm^3$，质量分数 40%。

4.3 硝酸（HNO_3）

ρ 为 $1.39g/cm^3 \sim 1.41g/cm^3$，质量分数 65%～68%。

4.4 硫酸（H_2SO_4）

ρ 为 $1.84g/cm^3$，质量分数 95%～98%。

4.5 冰乙酸（CH_3COOH）

ρ 为 $1.05g/cm^3$，质量分数 99.8%。

4.6 磷酸（H_3PO_4）

ρ 为 $1.68g/cm^3$，质量分数 85%。

4.7 氨水（$NH_3 \cdot H_2O$）

ρ 为 $0.90g/cm^3 \sim 0.91g/cm^3$，质量分数 25%～28%。

4.8 三乙醇胺［$N(CH_2CH_2OH)_3$］

ρ 为 $1.12g/cm^3$，质量分数 99%。

4.9 乙醇或无水乙醇（C_2H_5OH）

乙醇的体积分数 95%，无水乙醇的体积分数不低于 99.5%。

4.10 乙二醇（$HOCH_2CH_2OH$）

体积分数 99%。

4.11 盐酸溶液

4.11.1 盐酸（1+1）

1 份体积的浓盐酸与 1 份体积的水相混合均匀。

4.11.2 盐酸（1+2）

1 份体积的浓盐酸与 2 份体积的水相混合均匀。

4.11.3 盐酸（1+5）

1 份体积的浓盐酸与 5 份体积的水相混合均匀。

4.12 硝酸溶液

4.12.1 硝酸（1+2）

1 份体积的浓硝酸与 2 份体积的水相混合均匀。

4.12.2 硝酸（1+9）

1份体积的浓硝酸与9份体积的水相混合均匀。

4.12.3 硝酸（1+100）

1份体积的浓硝酸与100份体积的水相混合均匀。

4.13 硫酸溶液

4.13.1 硫酸（1+1）

1份体积的浓硫酸慢慢注入1份体积的水中并不断搅拌混合均匀。

4.13.2 硫酸（1+2）

1份体积的浓硫酸慢慢注入2份体积的水中并不断搅拌混合均匀。

4.13.3 硫酸（1+4）

1份体积的浓硫酸慢慢注入4份体积的水中并不断搅拌混合均匀。

4.13.4 硫酸（1+9）

1份体积的浓硫酸慢慢注入9份体积的水中并不断搅拌混合均匀。

4.13.5 硫酸（5+95）

5份体积的浓硫酸慢慢注入95份体积的水中并不断搅拌混合均匀。

4.14 磷酸（1+1）

1份体积的浓磷酸与1份体积的水相混合均匀。

4.15 氨水（1+1）

1份体积的浓氨水与1份体积的水相混合均匀。

4.16 三乙醇胺（1+2）

1份体积的三乙醇胺与1份体积的水相混合均匀。

4.17 氢氧化钠（NaOH）

固体颗粒，密封保存。

4.18 无水碳酸钠（Na_2CO_3）

将无水碳酸钠（Na_2CO_3）用玛瑙研钵研细至粉末状保存。

4.19 焦硫酸钾（$K_2S_2O_7$）

将市售的焦硫酸钾（$K_2S_2O_7$）在瓷蒸发皿中加热熔化，加热至无泡沫发生，冷却并压碎熔融物，贮存于密封瓶中。

4.20 碳酸钠-硼砂混合溶剂（2+1）

将2份质量的无水碳酸钠（Na_2CO_3）与1份质量的无水硼砂（$Na_2B_4O_7$）混匀研细，贮存于密封瓶中。

4.21 艾士卡试剂

将2份质量的轻质氧化镁（MgO）与1份质量的无水碳酸纳（Na_2CO_3）混匀并研细至粒度小于0.2mm后，贮存于密封瓶中。

4.22 高碘酸钾（KIO_4）

固体研细，密闭保存。

4.23 盐酸羟胺（$NH_2OH \cdot HCl$）

固体研细，密闭保存。

4.24 五氧化二钒（V_2O_5）

粉末状固体，密闭保存。

4.25 氢氧化钠溶液（10g/L）

将10g氢氧化钠（NaOH）溶于水中，加水稀释至1L。贮存于塑料瓶中。

4.26 氢氧化钾溶液（200g/L）

将200g氢氧化钾（KOH）溶于水中，加水稀释至1L。贮存于塑料瓶中。

4.27 氯化钡溶液（100g/L）

将100g氯化钡（$BaCl_2 \cdot 2H_2O$）溶于水中，加水稀释至1L。

4.28 硝酸银溶液（5g/L）

将0.5g硝酸银（$AgNO_3$）溶于水中，加入1mL硝酸，加水稀释至100mL，贮存于棕色瓶中。

4.29 二安替比林甲烷溶液（30g/L盐酸溶液）

将6g二安替比林甲烷（$C_{23}H_{24}N_4O_2$）溶于200mL盐酸（1＋11）中，必要时过滤后使用。

4.30 碳酸铵溶液（100g/L）

将10g碳酸铵［$(NH_4)_2CO_3$］溶解于100mL水中。用时现配。

4.31 pH4.3的缓冲溶液

将42.3g无水乙酸钠（CH_3COONa）溶于水中，加入80mL冰乙酸（CH_3COOH），加水稀释至1L。

4.32 pH6的缓冲溶液

将200g无水乙酸钠（CH_3COONa）溶于水中，加入20mL冰乙酸（CH_3COOH），加水稀释至1L。

4.33 pH10的缓冲溶液

将67.5g氯化铵（NH_4Cl）溶于水中，加入570mL氨水（$NH_3 \cdot H_2O$），加水稀释至1L。

4.34 酒石酸钾钠溶液（100g/L）

将10g酒石酸钾钠（$C_4H_4KNaO_6 \cdot 4H_2O$）溶于水中，加水稀释至100mL。

4.35 氯化钾（KCl）

颗粒粗大时，应研细后使用。

4.36 氯化钾溶液（50g/L）

将50g氯化钾（KCl）溶于水中，加水稀释至1L。

4.37 氯化钾-乙醇溶液（50g/L）

将5g氯化钾（KCl）溶于50mL水后，加入50mL乙醇（4.9），混匀。

4.38 氟化钾溶液（150g/L）

将150g氟化钾（$KF \cdot 2H_2O$）放入塑料杯中，加水溶解后，加水稀释至1L，贮存于塑料瓶中。

4.39 氟化钾溶液（20g/L）

将20g氟化钾（$KF \cdot 2H_2O$）溶于水中，加水稀释至1L，贮存于塑料瓶中。

4.40 电解液

将6g碘化钾（KI）和6g溴化钾（KBr）溶于100mL水中，加入10mL冰乙酸

(CH_3COOH)，加水稀释至300mL。

4.41 氢氧化钠-无水乙醇溶液（0.1mol/L）

将0.4g氢氧化钠（NaOH）溶于100mL无水乙醇（4.9）中。

4.42 乙二醇-无水乙醇溶液（2+1）

将1000mL乙二醇（4.10）与500mL无水乙醇（4.9）混合，加入0.5g酚酞，混匀。用氢氧化钠-无水乙醇溶液（4.41）中和至微红色。贮存于干燥密封的容器中，防止吸潮。

4.43 氟化铵溶液（100g/L）

称取100g氟化铵（$NH_4F \cdot 2H_2O$）放入塑料烧杯中，加入200mL水溶解后，用水稀释至1L。

4.44 苦杏仁酸溶液（100g/L）

将100g苦杏仁酸（苯羟乙酸）[$C_6H_5CH(OH)COOH$]溶于1L热水中，并用氨水（1+1）调节pH值约为4（用精密pH试纸检验）。

4.45 抗坏血酸溶液（50g/L）

将5g抗坏血酸（V.C）溶于100mL水中，必要时过滤后使用。用时现配。

4.46 二氧化钛（TiO_2）标准溶液工作曲线的绘制

4.46.1 标准溶液的配制

称取0.1000g已于950℃灼烧过60min的二氧化钛（TiO_2，光谱纯），精确至0.0001g，置于铂坩埚中，加入2g焦硫酸钾（4.19），在500℃～600℃下熔融至透明。冷却后，熔块用硫酸（1+9）浸出，加热至50℃～60℃使熔块完全溶解，冷却后移入1000mL容量瓶中，用硫酸（1+9）稀释至标线，摇匀。此标准溶液每毫升含0.1mg二氧化钛。

吸取100.00mL上述标准溶液放入500mL容量瓶中，用硫酸（1+9）稀释至标线，摇匀。此标准溶液每毫升含0.02mg二氧化钛。

4.46.2 工作曲线的绘制

吸取每毫升含0.02mg二氧化钛的标准溶液0.00mL、2.00mL、4.00mL、6.00mL、8.00mL、10.00mL、12.00mL、15.00mL分别放入100mL容量瓶中，依次加入10mL盐酸（1+2）、10mL抗坏血酸溶液（4.45）、5mL乙醇（4.9）、20mL二安替比林甲烷溶液（4.29），用水稀释至标线，摇匀。放置40min后，使用分光光度计，10mm比色皿，以水作参比，于波长420mm处测定溶液的吸光度。用测得的吸光度作为相对应的二氧化钛含量的函数，绘制工作曲线。

4.47 氧化钾（K_2O）、氧化钠（Na_2O）标准溶液工作曲线的绘制

4.47.1 氧化钾、氧化钠标准溶液的配制

称取1.583g已于105℃～110℃烘过2h的氯化钾（KCl，基准试剂或光谱纯）及1.886g已于105℃～110℃烘过2h的氯化钠（NaCl，基准试剂或光谱纯），精确至0.0001g，置于烧杯中，加水完全溶解后，移入1000mL容量瓶中，用水稀释至标线，摇匀。贮存于塑料瓶中。此标准溶液每毫升含1mg氧化钾及1mg氧化钠。

吸取50.00mL上述标准溶液放入1000mL容量瓶中，用水稀释至标线，摇匀。贮存于塑料瓶中。此标准溶液每毫升含0.05mg氧化钾和0.05mg氧化钠。

4.47.2 工作曲线的绘制

吸取每毫升含1mg氧化钾及1mg氧化钠的标准溶液0.00mL、2.50mL、5.00mL、

10.00mL、15.00mL、20.00mL，分别放入500mL容量瓶中，用水稀释至标线，摇匀。贮存于塑料瓶中。将火焰光度计调节至最佳工作状态，按仪器使用规程进行测定。用测得的检流计读数作为相对应的氧化钾和氧化钠含量的函数，绘制工作曲线。

4.48 一氧化锰（MnO）标准溶液工作曲线的绘制

4.48.1 无水硫酸锰（$MnSO_4$）

取一定量硫酸锰（$MnSO_4$，光谱纯）或含水硫酸锰（$MnSO_4 \cdot xH_2O$）置于称量瓶中，在250℃温度下烘干至恒量，所获得的产物为无水硫酸锰（$MnSO_4$）。

4.48.2 标准溶液的配制

称取0.1064g无水硫酸锰（$MnSO_4$），精确至0.0001g，置于300mL烧杯中，加水溶解后，加入约1mL硫酸（1+1），移入1000mL容量瓶中，用水稀释至标线，摇匀。此标准溶液每毫升含0.05mL一氧化锰。

4.48.3 工作曲线的绘制

吸取每毫升含0.05mg一氧化锰的标准溶液0.00mL、2.00mL、6.00mL、10.00mL、14.00mL、20.00mL分别放入50mL烧杯中，加入5mL磷酸（1+1）及10mL硫酸（1+1），加水稀释至约50mL，加入约1g高碘酸钾（4.22），加热微沸15min至溶液达到最大颜色深度，冷却至室温，移入100mL容量瓶中，用水稀释至标线，摇匀。使用分光光度计，10mm比色皿，以水作参比，于波长530nm处测定溶液的吸光度。用测得的吸光度作为相对应的一氧化锰含量的函数，绘制工作曲线。

4.49 碳酸钙标准溶液［c（$CaCO_3$）＝0.024mol/L］

称取0.6g（m_1）已于105℃～110℃烘过2h的碳酸钙（$CaCO_3$，基准试剂），精确至0.0001g，置于400mL烧杯中，加入约100mL水，盖上表面皿，沿杯口慢慢加入10mL盐酸（1+1），至碳酸钙全部溶解，加热煮沸2min～3min。将溶液冷却至室温，移入250mL容量瓶中，用水稀释至标线，摇匀。

4.50 EDTA标准滴定溶液［c（EDTA）＝0.015mol/L］

4.50.1 EDTA标准滴定溶液的配制

称取约5.6g EDTA（乙二胺四乙酸二钠，$C_{10}H_{14}N_2O_8Na_2 \cdot 2H_2O$）置于烧杯中，加入约200mL水，加热溶解，过滤，加水稀释至1L，摇匀。

4.50.2 EDTA标准滴定溶液浓度的标定

吸取25.00mL碳酸钙标准溶液（4.49）放入400mL烧杯中，加水稀释至约200mL，加入适量的CMP混合指示剂（4.55），在搅拌下加入氢氧化钾溶液（4.26）至出现绿色荧光后再过量2mL～3mL，用EDTA标准滴定溶液滴定至绿色荧光消失并呈现红色。

EDTA标准滴定溶液的浓度按式（1）计算：

$$c(\text{EDTA}) = \frac{m_1 \times 25 \times 1000}{250 \times V_1 \times 100.09} \tag{1}$$

式中：

c（EDTA）——EDTA标准滴定溶液的浓度，单位为摩尔每升（mol/L）；

V_1——滴定时消耗EDTA标准滴定溶液的体积，单位为毫升（mL）；

m_1——按（4.49）配制碳酸钙标准溶液的碳酸钙的质量，单位为克（g）；

25——吸取溶液的体积，单位为毫升（mL）；

250——溶液的总体积，单位为毫升（mL）；

100.09——$CaCO_3$ 的摩尔质量，单位为克每摩尔（g/mol）。

4.50.3 EDTA 标准滴定溶液对各氧化物的滴定度的计算

EDTA 标准滴定溶液对三氧化二铁、三氧化二铝、氧化钙、氧化镁的滴定度分别按式（2）、式（3）、式（4）、式（5）计算：

$$T_{Fe_2O_3}=c\,(EDTA)\times 79.84 \tag{2}$$

$$T_{Al_2O_3}=c\,(EDTA)\times 50.98 \tag{3}$$

$$T_{CaO}=c\,(EDTA)\times 56.08 \tag{4}$$

$$T_{MgO}=c\,(EDTA)\times 40.31 \tag{5}$$

式中：

$T_{Fe_2O_3}$——EDTA 标准滴定溶液对三氧化二铁的滴定度，单位为毫克每毫升（mg/mL）；

$T_{Al_2O_3}$——EDTA 标准滴定溶液对三氧化二铝的滴定度，单位为毫克每毫升（mg/mL）；

T_{CaO}——EDTA 标准滴定溶液对氧化钙的滴定度，单位为毫克每毫升（mg/mL）；

T_{MgO}——EDTA 标准滴定溶液对氧化镁的滴定度，单位为毫克每毫升（mg/mL）；

c（EDTA）——EDTA 标准滴定溶液的浓度，单位为摩尔每升（mol/L）；

79.84——（$1/2Fe_2O_3$）的摩尔质量，单位为克每摩尔（g/mol）；

50.98——（$1/2Al_2O_3$）的摩尔质量，单位为克每摩尔（g/mol）；

56.08——CaO 的摩尔质量，单位为克每摩尔（g/mol）；

40.31——MgO 的摩尔质量，单位为克每摩尔（g/mol）。

4.51 硫酸铜标准滴定溶液［$c(CuSO_4)=0.015$mol/L］

4.51.1 硫酸铜标准滴定溶液的配制

称取约 3.7g 硫酸铜（$CuSO_4\cdot 5H_2O$）溶于约 200mL 水，加入 4～5 滴硫酸（1＋1），加水稀释至 1L，摇匀。

4.51.2 EDTA 标准滴定溶液与硫酸铜标准滴定溶液体积比的标定

从滴定管中缓慢放出 10mL～15mL EDTA 标准滴定溶液（4.50）于 400mL 烧杯中，加水稀释至约 150mL，加入 15mL pH 值为 4.3 的缓冲溶液（4.31），加热至沸，取下稍冷，加入 5～6 滴 PAN 指示剂溶液（4.59），用硫酸铜标准滴定溶液滴定至亮紫色。

EDTA 标准滴定溶液与硫酸铜标准滴定溶液的体积比按式（6）计算：

$$K_1=\frac{V_2}{V_3} \tag{6}$$

式中：

K_1——EDTA 标准滴定溶液与硫酸铜标准滴定溶液的体积比；

V_2——加入 EDTA 标准滴定溶液的体积，单位为毫升（mL）；

V_3——滴定时消耗硫酸铜标准滴定溶液的体积，单位为毫升（mL）。

4.52 乙酸铅标准滴定溶液［$c(Pb(CH_3COO)_2)=0.015$mol/L］

4.52.1 乙酸铅标准滴定溶液的配制

称取 5.7g 乙酸铅［$Pb(CH_3COO)_2\cdot 3H_2O$］置于 400mL 烧杯中，溶于约 250mL 水，加入 5mL 冰乙酸，用水稀释至 1L，摇匀，放置过夜后标定。

4.52.2 EDTA 标准滴定溶液与乙酸铅标准滴定溶液体积比的标定

从滴定管中缓慢放出10mL～15mL EDTA标准滴定溶液（4.50）于300mL烧杯中，用水稀释至约150mL，加入10mL pH值为6的缓冲溶液（4.32）及7～8滴半二甲酚橙指示剂溶液（4.62），以乙酸铅标准滴定溶液滴定至红色。

EDTA标准滴定溶液与乙酸铅标准滴定溶液的体积比按式（7）计算：

$$K_2=\frac{V_4}{V_5} \tag{7}$$

式中：

K_2——每毫升乙酸铅标准滴定溶液相当于EDTA标准滴定溶液的毫升数；

V_4——滴定时消耗EDTA标准滴定溶液的体积，单位为毫升（mL）；

V_5——滴定时消耗乙酸铅标准滴定溶液的体积，单位为毫升（mL）。

4.53 氢氧化钠标准滴定溶液［c（NaOH）＝0.15mol/L］

4.53.1 氢氧化钠标准滴定溶液的配制

称取30g氢氧化钠（NaOH）溶于水后，加水稀释至5L，充分摇匀，贮存于塑料瓶或带胶塞（装有钠石灰干燥管）的硬质玻璃瓶内。

4.53.2 氢氧化钠标准滴定溶液浓度的标定

称取约0.8g（m_2）苯二甲酸氢钾（$C_8H_5KO_4$，基准试剂），精确至0.0001g，置于400mL烧杯中，加入约200mL预先新煮沸过并冷却后用氢氧化钠溶液中和至酚酞呈微红色的冷水，搅拌使其溶解，加入6～7滴酚酞指示剂溶液（4.57），用氢氧化钠标准滴定溶液滴定至微红色。

氢氧化钠标准滴定溶液的浓度按式（8）计算：

$$c\,(\mathrm{NaOH})=\frac{m_2\times1000}{V_6\times204.2} \tag{8}$$

式中：

c（NaOH）——氢氧化钠标准滴定溶液的浓度，单位为摩尔每升（mol/L）；

V_6——滴定时消耗氢氧化钠标准滴定溶液的体积，单位为毫升（mL）；

m_2——称取苯二甲酸氢钾的质量，单位为克（g）；

204.2——苯二甲酸氢钾的摩尔质量，单位为克每摩尔（g/mol）。

4.53.3 氢氧化钠标准滴定溶液对二氧化硅的滴定度的计算

氢氧化钠标准滴定溶液对二氧化硅的滴定度按式（9）计算：

$$T_{SiO_2}=c\,(\mathrm{NaOH})\times15.02 \tag{9}$$

式中：

T_{SiO_2}——氢氧化钠标准滴定溶液对二氧化硅的滴定度，单位为毫克每毫升（mg/mL）；

c（NaOH）——氢氧化钠标准滴定溶液的浓度，单位为摩尔每升（mol/L）；

15.02——（1/4SiO_2）的摩尔质量，单位为克每摩尔（g/mol）。

4.54 苯甲酸-无水乙醇标准滴定溶液［c（C_6H_5COOH）＝0.1mol/L］

4.54.1 苯甲酸-无水乙醇标准滴定溶液的配制

称取12.2g已在干燥器（5.5）中干燥24h后的苯甲酸（C_6H_5COOH）溶于1000mL无水乙醇（4.9）中，贮存在带胶塞（装有硅胶干燥管）的玻璃瓶内。

4.54.2 苯甲酸-无水乙醇标准滴定溶液对氧化钙滴定度的标定

取一定量碳酸钙（$CaCO_3$，基准试剂）置于铂（或瓷）坩埚中，在950℃下灼烧至恒量，从中称取0.04g氧化钙（m_3），精确至0.0001g，置于250mL干燥的锥形瓶中，加入30mL乙二醇-无水乙醇溶液（4.42），放入一根搅拌子，装上回流冷凝管，置于游离氧化钙测定仪（5.15）上，打开电源开关，以适当的速度搅拌溶液，同时升温并加热煮沸，当冷凝下的乙醇开始连续滴下时，继续在搅拌下微沸4min后，取下锥形瓶，立即用苯甲酸-无水乙醇标准滴定溶液滴定至微红色消失。

苯甲酸-无水乙醇标准滴定溶液对氧化钙的滴定度按式（10）计算：

$$T_{CaO}=\frac{m_3\times 1000}{V_7} \tag{10}$$

式中：

T_{CaO}——苯甲酸-无水乙醇标准滴定溶液对氧化钙的滴定度，单位为毫克每毫升（mg/mL）；

V_7——滴定时消耗苯甲酸-无水乙醇标准滴定溶液的总体积，单位为毫升（mL）；

m_3——称取氧化钙的质量，单位为克（g）。

4.55 钙黄绿素-甲基百里香酚蓝-酚酞混合指示剂（简称CMP混合指示剂）

称取1.000g钙黄绿素、1.000g甲基百里香酚蓝、0.200g酚酞与50g已在105℃～110℃烘干过的硝酸钾（KNO_3）混合研细，保存在磨口瓶中。

4.56 酸性铬蓝K-萘酚绿B混合指示剂（简称K-B混合指示剂）

称取1.000g酸性铬蓝K、2.500g萘酚绿B与50g已在105℃～110℃烘干过的硝酸钾（KNO_3）混合研细，保存在磨口瓶中。

滴定终点颜色不正确时，可调节酸性铬蓝K与萘酚绿B的配制比例，并通过国家标准样品/标准物质进行对比确认。

4.57 酚酞指示剂溶液（10g/L）

将1g酚酞溶于100mL乙醇（4.9）中。

4.58 磺基水杨酸钠指示剂溶液（100g/L）

将10g磺基水杨酸钠（$C_7H_5O_6SNa\cdot 2H_2O$）溶于水中，加水稀释至100mL。

4.59 1-（2-吡啶偶氮）-2萘酚指示剂溶液（简称PAN指示剂溶液）（2g/L）

将0.2g 1-（2-吡啶偶氮）-2萘酚溶于100mL乙醇（4.9）中。

4.60 甲基红指示剂溶液（2g/L）

将0.2g甲基红溶于100mL乙醇（4.9）中。

4.61 硝酸银溶液（5g/L）

将5g硝酸银（$AgNO_3$）溶于水中，加水稀释至1L。

4.62 半二甲酚橙指示剂溶液（5g/L）

将0.5g半二甲酚橙溶于100mL水中。

5 仪器与设备

5.1 天平

精确至0.0001g。

5.2 铂、银、瓷坩埚

带盖，容量20mL～50mL。

5.3 铂皿

容量 50mL～100mL。

5.4 瓷蒸发皿

容量 100mL～150mL。

5.5 干燥器

内装变色硅胶。

5.6 干燥箱

可控制在 (105±5)℃、(150±5)℃、(250±5)℃温度。

5.7 高温炉

隔焰加热炉，在炉膛外围进行电阻加热。应使用温度控制器准确控制炉温，可控制(700±25)℃、(950±25)℃温度。

5.8 滤纸

快速、中速、慢速三种型号的定量滤纸。

5.9 玻璃容量器皿

滴定管、容量瓶、移液管。

5.10 磁力搅拌器

带有塑料壳的搅拌子，具有调速和加热功能。

5.11 分光光度计

可在波长 400nm～800nm 范围内测定溶液的吸光度，带有 10mm、20mm 比色皿。

5.12 火焰光度计

可稳定地测定钾在波长 768nm 处和钠在波长 589nm 处的谱线强度。

5.13 库仑积分测硫仪

由管式高温炉、电解池、磁力搅拌器和库仑积分器组成。

5.14 瓷舟

长 70mm～80mm，可耐温 1200℃以上。

5.15 游离氧化钙测定仪

具有加热、搅拌、计时功能，并配有回流冷凝管。

6 试样的制备

6.1 含水量测定用试样制备

按 GB/T 12573 方法取样，样品应是具有代表性的均匀性样品。经过破碎后，采用四分法或缩分器将试样缩分至约 200g，充分混匀，一分为二，装入两个试样瓶中，密封保存，试样标识，其中一个试样，供测定含水量用。另一个试样供化学分析试样制备用。

6.2 化学分析用试样制备

供化学分析试验所用试样，如因水分较大无法研磨时，需先在 105℃～110℃的温度下加热烘干。经研磨后，用磁铁吸去筛余物中金属铁，使其全部通过孔径为 80μm 方孔筛，充分混匀，装入试样瓶中，再在 105℃～110℃的温度下加热烘干 2h 以上，取出密封保存于干燥器中。

7 含水量的测定——烘干法

7.1 方法提要

试样在105℃～110℃的温度下，水分经高温加热完全蒸发，然后在干燥器中冷却到室温，称量。

7.2 分析步骤

称取测定含水量的试样（6.1）10g（m_4），精确至0.0001g，放入已恒重的瓷蒸发皿（m_5）中，放至鼓风干燥箱中，在105℃～110℃的温度下烘干1h，取出瓷蒸发皿置于干燥器（5.5）中，冷却至室温，称量。反复烘干，直至恒量（m_6）。

7.3 结果的计算与表示

含水量的质量百分数w_{H_2O}按式（11）计算：

$$w_{H_2O}=\frac{m_5-m_6}{m_4}\times 100 \tag{11}$$

式中：

w_{H_2O}——含水量的质量分数，%；

m_4——试料的质量，单位为克（g）；

m_5——烘干前试料和瓷蒸发皿的质量，单位为克（g）；

m_6——烘干后试料和瓷蒸发皿的质量，单位为克（g）。

8 烧失量的测定——灼烧差减法

8.1 方法提要

试样在950℃±25℃的高温炉中灼烧，去除二氧化碳和水分，同时将存在的易氧化的元素氧化。

8.2 分析步骤

称取化学分析用试样（6.2）约1g（m_7），精确至0.0001g，放入已灼烧恒量的瓷坩埚（m_8）中，将盖斜置于坩埚上，放在高温炉（5.7）内，从低温开始逐渐升高温度，在950℃±25℃下灼烧15min～20min，取出坩埚置于干燥器（5.5）中，冷却至室温，称量。反复灼烧，直至恒量（m_9）。

8.3 结果的计算与表示

烧失量的质量分数w_{LOI}按式（12）计算：

$$w_{LOI}=\frac{m_8-m_9}{m_7}\times 100 \tag{12}$$

式中：

w_{LOI}——烧失量的质量分数，%；

m_7——试料的质量，单位为克（g）；

m_8——灼烧前试料和瓷坩埚的质量，单位为克（g）；

m_9——灼烧后试料和瓷坩埚的质量，单位为克（g）。

9 二氧化硅的测定——氟硅酸钾容量法

9.1 方法提要

在有过量的氟、钾离子存在的强酸性溶液中，使硅酸形成氟硅酸钾（K_2SiF_6）沉淀。经过滤、洗涤及中和残余酸后，加入沸水使氟硅酸钾沉淀水解生成等物质的量的氢氟酸。然后以酚酞为指示剂，用氢氧化钠标准滴定溶液滴定。

9.2 系统溶液的制备

称取化学分析用试样（6.2）约 0.5g（m_{10}），精确至 0.0001g，置于银坩埚中，盖上盖子并留有缝隙，放入高温炉中，在 700℃～750℃的高温下预烧 15min～20min，取出，放冷，加入 6g～7g 氢氧化钠，从低温升起，在 700℃～750℃的高温下熔融 30min，中间取出摇动 1 次。取出冷却，将坩埚放入已盛有约 100mL 沸水的 300mL 烧杯中，盖上表面皿，在电炉上适当加热，待熔块完全浸出后，取出坩埚，用水冲洗坩埚和盖。在搅拌下一次加入 30mL 盐酸，再加入 2mL～5mL 硝酸，用热盐酸（1＋5）洗净坩埚和盖。将溶液加热至沸 2min～3min，冷却后，转移至 250mL 容量瓶中，用水稀释至标线，摇匀。此溶液供测定二氧化硅（9.3）、三氧化二铁（10.2）、三氧化二铝（11.2 或 12.2）、氧化钙（14.2）、氧化镁（15.2）和二氧化钛（13.2）用。

9.3 分析步骤

从溶液（9.2）中吸取 50.00mL 溶液，放入 300mL 塑料杯中，然后加入 15mL 硝酸，搅拌，冷却至 30℃以下。加入氯化钾（4.35），仔细搅拌至饱和并有少量氯化钾析出，然后加入 2g 氯化钾（4.35），仔细搅拌并压碎大颗粒氯化钾，使氯化钾完全饱和（此时搅拌，溶液应该比较浑浊，氯化钾颗粒呈悬浮状，如氯化钾析出量不够，应补充加入，使氯化钾的析出量约 2g，不宜过多），再加入 10mL 氟化钾溶液（4.38），搅拌，在环境温度 30℃以下放置 15min～20min，其间搅拌 1～2 次。用中速滤纸过滤，先过滤溶液将固体氯化钾和沉淀留在杯底，溶液滤完后用氯化钾溶液（4.36）洗涤塑料杯及沉淀，洗涤过程中使固体氯化钾溶解，洗涤液总量不超过 30mL。将滤纸连同沉淀取下，置于原塑料杯中，沿杯壁加入 15mL 30℃以下的氯化钾-乙醇溶液（4.37）及 1mL 酚酞指示剂溶液（4.57），将滤纸展开，用氢氧化钠标准滴定溶液（4.53）中和未洗尽的酸，仔细搅动、挤压滤纸并随之擦洗杯壁直至溶液呈红色（过滤、洗涤、中和残余酸的操作应迅速，以防止氟硅酸钾沉淀的水解）。向杯中加入 250mL 沸水（煮沸后用氢氧化钠溶液中和至酚酞呈微红色的沸水），用氢氧化钠标准滴定溶液（4.53）滴定至微红色（30s 之内不褪色）。

9.4 结果的计算与表示

二氧化硅的质量分数 w_{SiO_2} 按式（13）计算：

$$w_{SiO_2}=\frac{T_{SiO_2}\times V_8\times 5}{m_{10}\times 1000}\times 100 \tag{13}$$

式中：

w_{SiO_2}——二氧化硅的质量分数，%；

T_{SiO_2}——氢氧化钠标准滴定溶液对二氧化硅的滴定度，单位为毫克每毫升（mg/mL）；

V_8——滴定时消耗氢氧化钠标准滴定溶液的体积，单位为毫升（mL）；

5——全部试样溶液与所分取溶液的体积比；

m_{10}——（9.2）中试料的质量，单位为克（g）。

10 三氧化二铁的测定——EDTA 直接滴定法

10.1 方法提要

在 pH 值为 1.8～2.0、温度为 60℃～70℃的溶液中，以磺基水杨酸钠为指示剂，用

EDTA标准滴定溶液滴定。

10.2 分析步骤

从溶液（9.2）中吸取25.00mL溶液放入300mL烧杯中，加水稀释至约100mL，用氨水（1+1）和盐酸（1+1）调节溶液pH值在1.8～2.0之间（用精密pH试纸或酸度计检验）。将溶液加热至70℃，加入10滴磺基水杨酸钠指示剂溶液（4.58），用EDTA标准滴定溶液（4.50）缓慢地滴定至亮黄色（终点时溶液温度应不低于60℃，如终点前溶液温度降至近60℃时，须再加热至65℃～70℃）。保留此溶液供测定三氧化二铝（11.2或12.2）用。

10.3 结果的计算与表示

三氧化二铁的质量分数 $w_{Fe_2O_3}$ 按式（14）计算：

$$w_{Fe_2O_3}=\frac{T_{Fe_2O_3}\times V_9\times 10}{m_{10}\times 1000}\times 100 \tag{14}$$

式中：

$w_{Fe_2O_3}$——三氧化二铁的质量分数，%；

$T_{Fe_2O_3}$——EDTA标准滴定溶液对三氧化二铁的滴定度，单位为毫克每毫升（mg/mL）；

V_9——滴定时消耗EDTA标准滴定溶液的体积，单位为毫升（mL）；

10——全部试样溶液与所分取溶液的体积比；

m_{10}——（9.2）中试料的质量，单位为克（g）。

11 三氧化二铝的测定——铅盐回滴—氟化铵置换法（基准法）

11.1 方法提要

在EDTA存在下，调整溶液pH值至6.0，煮沸使铝及其他金属离子和EDTA配位，以半二甲酚橙为指示剂，用铅盐溶液回滴过量的EDTA，再加入氟化铵，煮沸置换铝-EDTA配合物中的EDTA，用乙酸铅标准滴定溶液滴定置换出来的EDTA，测定出铝的含量。

11.2 分析步骤

在滴定三氧化二铁后的溶液（10.2）中，加入10mL苦杏仁酸溶液（4.44），然后加入对铁、铝过量10mL～15mL EDTA标准滴定溶液，用氨水（1+1）调整溶液pH值至4左右（pH试纸检验），然后将溶液加热至70℃～80℃，再加入10mL pH值为6的缓冲溶液（4.32），并加热煮沸5min～10min。取下，冷至室温，加7～8滴半二甲酚橙指示剂溶液（4.62），用乙酸铅标准滴定溶液（4.52）滴定至由黄色至橙红色（不记读数）。然后立即向溶液中加入10mL氟化铵溶液（4.43），并加热煮沸1min～2min，取下，冷至室温，补加2～3滴半二甲酚橙指示剂溶液（4.62），用乙酸铅标准滴定溶液（4.52）滴定至由黄色至橙红色（记读数）。

11.3 结果的计算与表示

三氧化二铝的质量百分数 $w_{Al_2O_3}$ 按式（15）计算：

$$w_{Al_2O_3}=\frac{T_{Al_2O_3}\times K_2\times V_{10}\times 10}{m_{10}\times 1000}\times 100 \tag{15}$$

式中：

$w_{Al_2O_3}$——三氧化二铝的质量百分数，%；

$T_{Al_2O_3}$——每毫升EDTA标准滴定溶液相当于三氧化二铝的毫克数，mg/mL；

K_2——每毫升乙酸铅标准滴定溶液相当于 EDTA 标准滴定溶液的毫升数；
V_{10}——测定时消耗乙酸铅标准滴定溶液的体积，单位为毫升，mL；
10——全部试样溶液与所分取溶液的体积比；
m_{10}——（9.2）中试料的质量，单位为克（g）。

12 硫酸铜返滴定法（代用法）

12.1 方法提要

在滴定铁后的溶液中，加入对铝、钛过量的 EDTA 标准滴定溶液，控制溶液 pH 值在 3.8～4.0，以 PAN 为指示剂，用硫酸铜标准滴定溶液回滴过量的 EDTA。

12.2 分析步骤

往溶液（10.2）中测完铁的溶液中加入 EDTA 标准滴定溶液（4.50）至过量 10mL～15mL（对铝、钛含量而言），加水稀释至 150mL～200mL。将溶液加热至 70℃～80℃后，加入数滴氨水（1＋1）调节溶液 pH 值在 3.0～3.5 之间（用精密 pH 试纸检验），加入 15mL pH4.3 的缓冲溶液（4.31），加热煮沸并保持 1min～2min，取下加入 4～5 滴 PAN 指示剂溶液（4.59），用硫酸铜标准滴定溶液（4.51）滴定至亮紫色。

12.3 结果的计算与表示

三氧化二铝的质量分数 $w_{Al_2O_3}$ 按式（16）计算：

$$w_{Al_2O_3}=\frac{T_{Al_2O_3}\times(V_{11}-K_1\times V_{12})\times 10}{m_{10}\times 1000}\times 100-0.64w_{TiO_2} \tag{16}$$

式中：

$w_{Al_2O_3}$——三氧化二铝的质量分数，%；
w_{TiO_2}——按第 13 章测得的二氧化钛的质量分数，%；
$T_{Al_2O_3}$——EDTA 标准滴定溶液对三氧化二铝的滴定度，单位为毫克每毫升（mg/mL）；
V_{11}——加入 EDTA 标准滴定溶液的体积，单位为毫升（mL）；
V_{12}——滴定时消耗硫酸铜标准滴定溶液的体积，单位为毫升（mL）；
K_1——EDTA 标准滴定溶液与硫酸铜标准滴定溶液的体积比；
10——全部试样溶液与所分取溶液的体积比；
m_{10}——（9.2）中试料的质量，单位为克（g）；
0.64——二氧化钛对三氧化二铝的换算系数。

13 二氧化钛的测定——二安替比林甲烷分光光度法

13.1 方法提要

在酸性溶液中钛氧基离子（TiO^{2+}）与二安替比林甲烷生成黄色配合物，于波长 420nm 处测定溶液的吸光度。用抗坏血酸消除三价铁离子的干扰。

13.2 分析步骤

从溶液（9.2）中吸取 10.00mL 溶液放入 100mL 容量瓶中，加入 10mL 盐酸（1＋2）、10mL 抗坏血酸溶液（4.45），放置 5min，加入 5mL 乙醇（4.9）、20mL 二安替比林甲烷溶液（4.29）。用水稀释至标线，摇匀。放置 40min 后，用分光光度计，10mm 比色皿，以水作参比，于波长 420nm 处测定溶液的吸光度，在工作曲线（4.46.2）上查出二氧化钛的含量（m_{11}）。

13.3 结果的计算与表示

二氧化钛的质量分数 w_{TiO_2} 按式（17）计算：

$$w_{TiO_2}=\frac{m_{11}\times 25}{m_{10}\times 1000}\times 100 \tag{17}$$

式中：

w_{TiO_2}——二氧化钛的质量分数，%；

25——全部试样溶液与所分取溶液的体积比；

m_{11}——100mL 测定溶液中二氧化钛的含量，单位为毫克（mg）；

m_{10}——（9.2）中试料的质量，单位为克（g）。

14 氧化钙的测定——EDTA 滴定法

14.1 方法提要

在 pH 值为 13 以上的强碱性溶液中，以三乙醇胺为掩蔽剂，用钙黄绿素-甲基百里香酚蓝-酚酞混合指示剂，用 EDTA 标准滴定溶液滴定。

对于氢氧化钠熔融制备的试样溶液，须预先在酸性溶液中加入适量的氟化钾，以抑制硅酸的干扰。

14.2 分析步骤

从溶液（9.2）中吸取 25.00mL 溶液放入 400mL 烧杯中，先加入 15mL 氟化钾溶液（4.39），搅拌并放置 2min 以上。加水稀释至约 200mL。加入 5mL 三乙醇胺溶液（1+2）及适量的 CMP 混合指示剂（4.55），在搅拌下加入氢氧化钾溶液（4.26）至出现绿色荧光后再过量 7mL～8mL，此时溶液酸度在 pH 值 13 以上，用 EDTA 标准滴定溶液（4.50）滴定至绿色荧光完全消失并呈现红色。

14.3 结果的计算与表示

氧化钙的质量分数 w_{CaO} 按式（18）计算：

$$w_{CaO}=\frac{T_{CaO}\times V_{13}\times 10}{m_{10}\times 1000}\times 100 \tag{18}$$

式中：

w_{CaO}——氧化钙的质量分数，%；

T_{CaO}——EDTA 标准滴定溶液对氧化钙的滴定度，单位为毫克每毫升（mg/mL）；

V_{13}——滴定时消耗 EDTA 标准滴定溶液的体积，单位为毫升（mL）；

10——全部试样溶液与所分取溶液的体积比；

m_{10}——（9.2）中试料的质量，单位为克（g）。

15 氧化镁的测定——EDTA 滴定差减法

15.1 方法提要

在 pH 值为 10 的溶液中，以酒石酸钾钠、三乙醇胺为掩蔽剂，用酸性铬蓝 K-萘酚绿 B 混合指示剂，用 EDTA 标准滴定溶液滴定。

当试样中一氧化锰含量在 0.5%以上时，在盐酸羟胺存在下，测定钙、镁、锰总量，差减法测得氧化镁含量。

15.2 分析步骤

15.2.1 一氧化锰含量在0.5%以下时

从溶液（9.2）中吸取25.00mL溶液放入400mL烧杯中，加入15mL氟化钾溶液（4.39），搅拌2min以上，加水稀释至约200mL，依次加入2mL酒石酸钾钠溶液（4.34）和10mL三乙醇胺（1+2）溶液（4.16），搅拌。然后加入25mL pH值为10缓冲溶液（4.33）及适量的酸性铬蓝K-萘酚绿B混合指示剂（4.56），用EDTA标准滴定溶液（4.50）滴定，近终点时应缓慢滴定至纯蓝色不再变色为止。

氧化镁的质量分数 w_{MgO} 按式（19）计算：

$$w_{MgO}=\frac{T_{MgO}\times(V_{14}-V_{13})\times 10}{m_{10}\times 1000}\times 100 \tag{19}$$

式中：

w_{MgO}——氧化镁的质量分数，%；

T_{MgO}——EDTA标准滴定溶液对氧化镁的滴定度，单位为毫克每毫升（mg/mL）；

V_{14}——滴定钙、镁总量时消耗EDTA标准滴定溶液的体积，单位为毫升（mL）；

V_{13}——按（14.2）测定氧化钙时消耗EDTA标准滴定溶液的体积，单位为毫升（mL）；

10——全部试样溶液与所分取溶液的体积比；

m_{10}——（9.2）中试料的质量，单位为克（g）。

15.2.2 一氧化锰含量在0.5%以上时

除在滴定前加入0.5g～1g盐酸羟胺（4.23）外，其余分析步骤同（15.2.1）。

氧化镁的质量分数 w_{MgO} 按式（20）计算：

$$w_{MgO}=\frac{T_{MgO}\times(V_{15}-V_{13})\times 10}{m_{10}\times 1000}\times 100-0.57\times w_{MnO} \tag{20}$$

式中：

w_{MgO}——氧化镁的质量分数，%；

T_{MgO}——EDTA标准滴定溶液对氧化镁的滴定度，单位为毫克每毫升（mg/mL）；

V_{15}——滴定钙、镁总量时消耗EDTA标准滴定溶液的体积，单位为毫升（mL）；

V_{13}——按（14.2）测定氧化钙时消耗EDTA标准滴定溶液的体积，单位为毫升（mL）；

m_{10}——（9.2）中试料的质量，单位为克（g）；

w_{MnO}——按（16.2）测定的一氧化锰的质量分数，%；

10——全部试样溶液与所分取溶液的体积比；

0.57——一氧化锰对氧化镁的换算系数。

16 一氧化锰的测定——高碘酸钾氧化比色法

16.1 方法提要

在硫酸介质中，用高碘酸钾将锰氧化成高锰酸，于波长530nm处测定溶液的吸光度。用磷酸掩蔽三价铁离子的干扰。

16.2 分析步骤

称取化学分析用试样（6.2）约0.5g（m_{12}），精确至0.0001g，置于铂坩埚中，加入3g

碳酸钠-硼砂混合熔剂（2+1），混匀，在950℃～1000℃下熔融10min，用坩埚钳夹持坩埚旋转，使熔融物均匀地附于坩埚内壁，冷却后，将坩埚放入已至微沸的盛有50mL硝酸（1+9）及100mL硫酸（5+95）的400mL烧杯中，并继续保持微沸状态，直至熔融物完全溶解，用水洗净坩埚及盖，用快速滤纸将溶液过滤至250mL容量瓶中，并用热水洗涤数次。将溶液冷却至室温后，用水稀释至标线，摇匀。

吸取50.00mL上述溶液放入150mL烧杯中，依次加入5mL磷酸（1+1）、10mL硫酸（1+1）和约1g高碘酸钾（4.22），加热微沸15min至溶液达到最大颜色深度，冷却至室温，移入100mL容量瓶中，用水稀释至标线，摇匀。用分光光度计，10mm比色皿，以水作参比，于波长530nm处测定溶液的吸光度。在工作曲线（4.48.3）上查出一氧化锰的含量（m_{13}）。

16.3 结果的计算与表示

一氧化锰的质量分数w_{MnO}按式（21）计算：

$$w_{MnO}=\frac{m_{13}\times 5}{m_{12}\times 1000}\times 100 \qquad (21)$$

式中：

w_{MnO}——一氧化锰的质量百分数，%；

m_{13}——100mL测定溶液中一氧化锰的含量，单位为毫克（mg）；

m_{12}——试料的质量，单位为克（g）。

17 三氧化硫的测定——艾士卡法（基准法）

17.1 方法提要

将试样与艾士卡试剂混合灼烧，试样中硫生成硫酸盐，之后使硫酸根离子生成硫酸钡沉淀，将沉淀过滤、灼烧恒量。根据硫酸钡的质量计算试样中全硫的含量，测定结果以三氧化硫计。

17.2 分析步骤

称取化学分析用试样（6.2）约1.0g（m_{14}），精确至0.0001g，置于50mL瓷坩埚（m_{15}）中，再将6g艾士卡试剂（4.21）置于瓷坩埚中，与试样混合均匀；将坩埚盖斜置于坩埚上放入马弗炉内，从室温逐渐加热到800℃～850℃，并在该温度下保持40min～50min；将坩埚从马弗炉内取出，冷却到室温。用玻璃棒将坩埚中的灼烧物仔细搅动捣碎，然后转移到400mL的烧杯中。用热水洗涤坩埚内壁，将洗液收集于烧杯中，再加入100mL～150mL热水，充分搅拌，并保持微沸，搅拌使其完全分散，在充分搅拌下加入10mL盐酸（1+1），用平头玻璃棒压碎块状物，加热至沸并保持微沸1min～2min；用慢速定量滤纸以倾泻法过滤，用热水洗涤3次，然后将残渣移入滤纸中，用热水仔细洗涤至少10次，洗液总体积约为200mL～250mL；向滤液中滴入2～3滴甲基红指示剂溶液（4.60），滴加盐酸（1+1）至溶液呈红色，然后加入10mL盐酸（1+1），将溶液煮沸至澄清，在近煮沸状态下滴加10mL氯化钡溶液，在50℃～60℃下保温4h，或常温下保持12h以上，用慢速定量滤纸过滤，用热水洗至无氯离子为止[用硝酸银溶液（4.28）检验]；将滤纸连同沉淀移入已恒量的20mL瓷坩埚中，先低温灰化滤纸，盖上盖子，然后在温度为800℃～850℃的马弗炉内灼烧30min以上，取出坩埚，在空气中稍加冷却后放入干燥器中，冷却至室温，称量。反复灼烧，直至恒量（m_{16}）。

同时进行空白试验，空白试验中灼烧后沉淀的质量为 m_{17}。

17.3 结果的计算与表示

试样中三氧化硫的质量分数 w_{SO_3} 按式（22）计算：

$$w_{SO_3}=\frac{(m_{16}-m_{15}-m_{17})\times 0.343}{m_{14}}\times 100 \tag{22}$$

式中：

w_{SO_3}——三氧化硫的质量分数，%；

m_{15}——瓷坩埚的质量，单位为克（g）；

m_{16}——灼烧后瓷坩埚和沉淀的质量，单位为克（g）；

m_{17}——空白试验中灼烧后沉淀的质量，单位为克（g）；

m_{14}——试料的质量，单位为克（g）；

0.343——硫酸钡对三氧化硫的换算系数。

18 三氧化硫的测定——库仑滴定法（代用法）

18.1 方法提要

试样在催化剂的作用下，于空气流中燃烧分解，试样中硫生成二氧化硫并被碘化钾溶液吸收，以电解碘化钾溶液所产生的碘进行滴定。

18.2 分析步骤

使用库仑积分测硫仪（5.13），将管式高温炉升温并控制在 1150℃～1200℃。

开动供气泵和抽气泵并将抽气流量调节到约 1000mL/min。在抽气下，将约 300mL 电解液（4.40）加入电解池内，开动磁力搅拌器。

调节电位平衡：在瓷舟中放入少量含一定硫的试样，并盖一薄层五氧化二钒（4.24），将瓷舟置于一稍大的石英舟上，送进炉内，库仑滴定随即开始。如果试验结束后库仑积分器的显示值为零，应再次调节直至显示值不为零为止。

称取化学分析用试样（6.2）约 0.05g（m_{18}），精确至 0.0001g，铺于瓷舟中，在试料上覆盖一薄层五氧化二钒（4.24），将瓷舟置于石英舟上，输入试样的质量（mg），将石英舟连同盛有试样的瓷舟送进炉内燃烧，库仑滴定随即开始，试验结束后，库仑积分器显示出的结果通过标准样品进行校正后，得到硫（或三氧化硫）的质量分数（w_s）。

18.3 结果的计算与表示

三氧化硫的质量分数 w_{SO_3} 按式（23）计算：

$$w_{SO_3}=2.5\times w_s \tag{23}$$

式中：

w_{SO_3}——三氧化硫的质量分数，%；

w_s——测得硫的质量分数，%；

2.5——三氧化硫相对分子质量与硫相对分子质量的比值。

19 氧化钾和氧化钠的测定——火焰光度法

19.1 方法提要

试样经氢氟酸-硫酸蒸发处理除去硅，用热水浸取残渣，以氨水和碳酸铵分离铁、铝、钙、镁。滤液中的钾、钠用火焰光度计进行测定。

19.2 分析步骤

称取化学分析用试样（6.2）约0.2g（m_{19}），精确至0.0001g，置于100mL铂皿中，放入700℃～750℃的高温炉内灼烧15min～20min，取出，放冷。加入少量水润湿，加入10mL氢氟酸和1mL硫酸（1+1），放入通风橱内电热板上缓慢加热，近干时摇动铂皿，以防溅失，待氢氟酸驱尽后逐渐升高温度，继续将三氧化硫白烟赶尽，取下冷却。加入少量热水，压碎残渣使其溶解，加入1滴甲基红指示剂溶液（4.60），用氨水（1+1）中和至黄色，再加入10mL碳酸铵溶液（4.30），搅拌，加入热水，使溶液的体积约为50mL，然后放入通风橱内电热板上加热煮沸并继续微沸至溶液中没有刺激性气味为止。用快速滤纸过滤，以热水充分洗涤，滤液及洗液盛于250mL容量瓶中，冷却至室温。用盐酸（1+1）中和至溶液呈微红色，用水稀释至标线，摇匀。在火焰光度计上，按仪器使用规程，在与4.47.2相同的仪器条件下进行测定。在工作曲线（4.47.2）上分别查出氧化钾和氧化钠的含量（m_{20}）和（m_{21}）。

19.3 结果的计算与表示

氧化钾和氧化钠的质量分数w_{K_2O}和w_{Na_2O}分别按式（24）和（25）计算：

$$w_{K_2O}=\frac{m_{20}}{m_{19}\times 1000}\times 100 \tag{24}$$

$$w_{Na_2O}=\frac{m_{21}}{m_{19}\times 1000}\times 100 \tag{25}$$

式中：

w_{K_2O}——氧化钾的质量分数，%；

w_{Na_2O}——氧化钠的质量分数，%；

m_{20}——250mL测定溶液中氧化钾的含量，单位为毫克（mg）；

m_{21}——250mL测定溶液中氧化钠的含量，单位为毫克（mg）；

m_{19}——试料的质量，单位为克（g）。

20 游离氧化钙的测定——乙二醇法

20.1 方法提要

在微沸温度下，使试样中的游离氧化钙与乙二醇作用生成弱碱性的乙二醇钙，使酚酞指示剂呈红色，用苯甲酸-无水乙醇标准滴定溶液滴定。

20.2 分析步骤

称取化学分析用试样（6.2）约0.5g（m_{22}），精确至0.0001g，置于250mL干燥的锥形瓶中，加入30mL乙二醇-乙醇溶液（4.42），放入一根搅拌子，装上回流冷凝管，置于游离氧化钙测定仪（5.15）上，打开电源开关，以适当的速度搅拌溶液，同时升温并加热煮沸，当冷凝下的乙醇开始连续滴下时，继续在搅拌下微沸4min后，取下锥形瓶，用干燥的漏斗快速干过滤，用无水乙醇（4.9）洗涤3次，滤液及洗液收集于250mL干燥的抽滤瓶中，立即用苯甲酸-无水乙醇标准滴定溶液（4.54）滴定至微红色消失。

20.3 结果的计算与表示

游离氧化钙的质量分数$w_{f\,CaO}$按式（26）计算：

$$w_{f\,CaO}=\frac{T_{CaO}\times V_{16}}{m_{22}\times 1000}\times 100 \tag{26}$$

式中：

$w_{f\,CaO}$——游离氧化钙的质量分数，%；

T_{CaO}——苯甲酸-无水乙醇标准滴定溶液对氧化钙的滴定度，单位为毫克每毫升（mg/mL）；

V_{16}——滴定时消耗苯甲酸-无水乙醇标准滴定溶液的总体积，单位为毫升（mL）；

m_{22}——试料的质量，单位为克（g）。

21 重复性限和再现性限

本标准所列重复性限和再现性限为绝对偏差，以质量分数（%）表示。

在重复性条件下，采用本标准所列方法分析同一试样时，两次分析结果之差应在所列的重复性限（表1）内。如超出重复性限，应在短时间内进行第三次测定，测定结果与前两次或任一次分析结果之差值符合重复性限的规定时，则取其平均值，否则，应查找原因，重新按上述规定进行分析。

在再现性条件下，采用本标准所列方法对同一试样各自进行分析时，所得分析结果的平均值之差应在所列的再现性限（表1）内。

化学分析方法测定结果的重复性极限和再现性极限见表1。

表1 化学分析方法测定结果的重复性限和再现性限

成分	测定方法	含量范围/%	重复性限/%	再现性限/%
含水量	烘干法		0.05	0.10
烧失量	灼烧差减法		0.15	0.25
二氧化硅	氟硅酸钾容量法		0.20	0.40
三氧化二铁	EDTA 直接滴定法		0.15	0.20
三氧化二铝（基准法）	氟化铵置换法		0.25	0.40
三氧化二铝（代用法）	硫酸铜返滴定法	≤15%	0.25	0.40
二氧化钛	二安替比林甲烷分光光度法		0.05	0.10
一氧化锰	高碘酸钾氧化分光光度法		0.05	0.10
氧化钙	EDTA 滴定法		0.25	0.40
氧化镁	EDTA 滴定差减法	≤2%	0.15	0.25
		>2%	0.20	0.30
三氧化硫（基准法）	艾士卡法		0.15	0.20
三氧化硫（代用法）	库仑滴定法		0.15	0.20
氧化钾	火焰光度法		0.10	0.15
氧化钠	火焰光度法		0.10	0.15
游离氧化钙	乙二醇法	≤2%	0.10	0.20
		>2%	0.20	0.30

烧结普通砖 GB/T 5101—2017

1 范围

本标准规定了烧结普通砖的产品分类、等级、规格、标记、一般要求、技术要求、试验方法、检验规则、标志、包装、运输和贮存等。

本标准适用于以黏土、页岩、煤矸石、粉煤灰、建筑渣土、淤泥（江河湖淤泥）、污泥等为主要原料，经焙烧而成主要用于建筑物承重部位的普通砖（以下简称砖）。

2 规范性引用文件

下列文件对于本文件的应用是必不可少的。凡是注日期的引用文件，仅注日期的版本适用于本文件。凡是不注日期的引用文件，其最新版本（包括所有的修改单）适用于本文件。

GB/T 2542 砌墙砖试验方法

GB 6566 建筑材料放射性核素限量

GB/T 18968 墙体材料术语

JC/T 466 砌墙砖检验规则

3 术语和定义

GB/T 18968 和 JC/T 466 界定的以及下列术语和定义适用于本文件。

3.1

建筑渣土 construction waste residue

建设工程开挖的适于制砖的废弃物。

3.2

淤泥 sludge

沉积在江、河、湖底或岸（周）边的黏土质沉积物。

3.3

污泥 sludge

在水处理过程中产生的半固态或固态物质。

3.4

其他固体废弃物 other solid wastes

基本性能满足制砖原材料要求，且不含对人体有害的物质和放射性元素超标的矿山废渣、工矿企业的固体废弃物等。

4 产品分类、等级、规格和标记

4.1 产品分类

按主要原料分为黏土砖（N）、页岩砖（Y）、煤矸石砖（M）、粉煤灰砖（F）、建筑渣土砖（Z）、淤泥砖（U）、污泥砖（W）、固体废弃物砖（G）。

4.2 等级

砖的强度等级分为五级：MU30、MU25、MU20、MU15、MU10。

4.3 规格

砖的外形为直角六面体，其公称尺寸为：长 240mm、宽 115mm、高 53mm。配砖规格见附录 A。其他规格尺寸由供需双方协商确定。

4.4 产品标记

砖的产品标记按产品名称的英文缩写、类别、强度等级和标准编号顺序编写。

示例：烧结普通砖，强度等级 MU15 的黏土砖，其标记为：

FCB N MU15 GB/T 5101

5 一般要求

采用两种原材料，掺配比质量大于 50%以上的为主要原材料；采用 3 种或 3 种以上原材料，掺配比质量最大者为主要原材料。污泥掺量达到 30%以上的可称为污泥砖。

6 技术要求

6.1 尺寸偏差

尺寸偏差应符合表 1 规定。

表 1 尺寸偏差 单位为毫米

公称尺寸	指标	
	样本平均偏差	样本极差≤
240	±2.0	6.0
115	±1.5	5.0
53	±1.5	4.0

6.2 外观质量

砖的外观质量应符合表 2 的规定。

表 2 外观质量 单位为毫米

项目		指标
两条面高度差	≤	2
弯曲	≤	2
杂质凸出高度	≤	2
缺棱掉角的三个破坏尺寸	不得同时大于	
裂纹长度 a. 大面上宽度方向及其延伸至条面的长度 b. 大面上长度方向及其延伸至顶面的长度或条顶面上水平裂纹的长度	≤	 30 50
完整面[a]	不得少于	一条面和一顶面

续表

注：为砌筑挂浆而施加的凹凸纹、槽、压花等不算作缺陷。 [a] 凡有下列缺陷之一者，不得称为完整面： ——缺损在条面或顶面上造成的破坏面尺寸同时大于 10mm×10mm。 ——条面或顶面上裂纹宽度大于 1mm，其长度超过 30mm。 ——压陷、粘底、焦花在条面或顶面上的凹陷或凸出超过 2mm，区域尺寸同时大于 10mm×10mm。

6.3　强度等级

强度等级应符合表 3 规定。

表 3　强度等级　　单位为兆帕

强度等级	抗压强度平均值 $\overline{f}$ ≥	强度标准值 f_k ≥
MU30	30.0	22.0
MU25	25.0	18.0
MU20	20.0	14.0
MU15	15.0	10.0
MU10	10.0	6.5

6.4　抗风化性能

6.4.1　风化区的划分参见附录 B。

6.4.2　严重风化区中的 1、2、3、4、5 地区的砖应进行冻融试验，其他地区砖的抗风化性能符合表 4 规定时可不做冻融试验，否则，应进行冻融试验。淤泥砖、污泥砖、固体废弃物砖应进行冻融试验。

表 4　抗风化性能

<table>
<tr><th rowspan="3">砖种类</th><th colspan="4">严重风化区</th><th colspan="4">非严重风化区</th></tr>
<tr><th colspan="2">5h 沸煮吸水率/% ≤</th><th colspan="2">饱和系数 ≤</th><th colspan="2">5h 沸煮吸水率/% ≤</th><th colspan="2">饱和系数 ≤</th></tr>
<tr><th>平均值</th><th>单块最大值</th><th>平均值</th><th>单块最大值</th><th>平均值</th><th>单块最大值</th><th>平均值</th><th>单块最大值</th></tr>
<tr><td>黏土砖、建筑渣土砖</td><td>18</td><td>20</td><td rowspan="2">0.85</td><td rowspan="2">0.87</td><td>19</td><td>20</td><td rowspan="2">0.88</td><td rowspan="2">0.90</td></tr>
<tr><td>粉煤灰砖</td><td>21</td><td>23</td><td>23</td><td>25</td></tr>
<tr><td>页岩砖</td><td rowspan="2">16</td><td rowspan="2">18</td><td rowspan="2">0.74</td><td rowspan="2">0.77</td><td rowspan="2">18</td><td rowspan="2">20</td><td rowspan="2">0.78</td><td rowspan="2">0.80</td></tr>
<tr><td>煤矸石砖</td></tr>
</table>

6.4.3　15 次冻融试验后，每块砖样不准许出现分层、掉皮、缺棱、掉角等冻坏现象；冻后裂纹长度不得大于表 2 中第 5 项裂纹长度的规定。

6.5　泛霜

每块砖不准许出现严重泛霜。

6.6　石灰爆裂

砖的石灰爆裂应符合下列规定：

a）破坏尺寸大于 2mm 且小于或等于 15mm 的爆裂区域，每组砖不得多于 15 处。其中大于 10mm 的不得多于 7 处。

b）不准许出现最大破坏尺寸大于 15mm 的爆裂区域。

c）试验后抗压强度损失不得大于 5MPa。

6.7 欠火砖、酥砖和螺旋纹砖

产品中不准许有欠火砖、酥砖和螺旋纹砖。

6.8 放射性核素限量

放射性核素限量应符合 GB 6566 的规定。

6.9 配砖

配砖应符合附录 A 的规定。

7 试验方法

7.1 尺寸偏差

检验样品数为 20 块，按 GB/T 2542 规定的检验方法进行。其中每一尺寸测量不足 0.5mm 按 0.5mm 计，每一方向尺寸以两个测量值的算术平均值表示。

样本平均偏差是 20 块试样同一方向 40 个测量尺寸的算术平均值减去其公称尺寸的差值，样本极差是抽检的 20 块试样中同一方向 40 个测量尺寸中最大测量值与最小测量值之差值。

7.2 外观质量

按 GB/T 2542 规定的检验方法进行。

7.3 强度等级

7.3.1 强度等级试验按 GB/T 2542 规定的方法进行。其中试样数量为 10 块，加荷速度为（5±0.5）kN/s。试验后按式（1）计算出强度标准差 s。

$$s=\sqrt{\frac{1}{9}\sum_{i=1}^{10}(f_i-\overline{f})^2} \tag{1}$$

式中：

s——10 块试样的抗压强度标准差，单位为兆帕（MPa），精确至 0.01；

$\overline{f}$——10 块试样的抗压强度平均值，单位为兆帕（MPa），精确至 0.1；

f_i——单块试样抗压强度值，单位为兆帕（MPa），精确至 0.01。

7.3.2 结果计算与评定

按表 3 中抗压强度平均值 $\overline{f}$、强度标准值 f_k 评定砖的强度等级。

样本量 $n=10$ 时的强度标准值按式（2）计算。

$$f_k=\overline{f}-1.83s \tag{2}$$

式中：

f_k —强度标准值，单位为兆帕（MPa），精确至 0.1。

7.4 冻融试验

按 GB/T 2542 规定的试验方法进行。

7.5 石灰爆裂、泛霜、吸水率和饱和系数

按 GB/T 2542 规定的试验方法进行。

7.6 欠火砖、酥砖和螺旋纹砖

按附录C规定的检验方法进行。

7.7 放射性核素限量

按GB 6566规定的试验方法进行。

8 检验规则

8.1 检验分类

8.1.1 出厂检验

出厂检验项目为：尺寸偏差、外观质量、强度等级、欠火砖、酥砖和螺旋纹砖。每批出厂产品应进行出厂检验，尺寸偏差、外观质量检验在生产厂内进行。

8.1.2 型式检验

型式检验项目包括本标准技术要求的全部项目。有下列情况之一者，应进行型式检验：

a）新厂生产试制定型检验；

b）正式生产后，原材料、工艺等发生较大的改变，可能影响产品性能时；

c）正常生产时，每半年进行一次（放射性物质一年进行一次）；

d）出厂检验结果与上次型式检验结果有较大差异时。

8.2 批量

检验批的构成原则和批量大小按JC/T 466规定。3.5万块～15万块为一批，不足3.5万块按一批计。

8.3 抽样

8.3.1 外观质量检验的试样采用随机抽样法，在每一检验批的产品堆垛中抽取。

8.3.2 尺寸偏差检验和其他检验项目的样品用随机抽样法从外观质量检验后的样品中抽取。

8.3.3 抽样数量按表5进行。

表5 抽样数量

单位为块

序号	检验项目	抽样数量
1	外观质量	50（$n_1=n_2=50$）
2	欠火砖、酥砖、螺旋纹砖	50
3	尺寸偏差	20
4	强度等级	10
5	泛　霜	5
6	石灰爆裂	5
7	吸水率和饱和系数	5
8	冻　融	5
9	放射性	2

8.4 判定规则

8.4.1 尺寸偏差

尺寸偏差应符合表1相应规定。否则，判不合格。

8.4.2 外观质量

外观质量采用JC/T 466二次抽样方案，根据表2规定的质量指标，检查出其中不合格品数 d_1，按下列规则判定：

$d_1 \leqslant 7$ 时，外观质量合格；

$d_1 \geqslant 11$ 时，外观质量不合格；

$d_1 > 7$，且 $d_1 < 11$ 时，需再次从该产品批中抽样50块检验，检查出不合格品数 d_2，按下列规则判定：

$(d_1 + d_2) \leqslant 18$ 时，外观质量合格；

$(d_1 + d_2) \geqslant 19$ 时，外观质量不合格。

8.4.3 强度等级

强度等级的试验结果应符合表3的规定。否则，判不合格。

8.4.4 抗风化性能

抗风化性能应符合6.4的规定。否则，判不合格。

8.4.5 泛霜和石灰爆裂

泛霜和石灰爆裂试验结果应分别符合6.5和6.6相应等级的规定。否则，判不合格。

8.4.6 欠火砖、酥砖和螺旋纹砖

欠火砖、酥砖和螺旋纹砖应符合6.7的规定。否则，判不合格。

8.4.7 放射性核素限量

放射性核素限量应符合6.8的规定。否则，判不合格，并停止该产品的生产和销售。

8.4.8 总判定

8.4.8.1 外观

外观检验样品中有欠火砖、酥砖和螺旋纹砖，则判该批产品不合格。

8.4.8.2 出厂检验

按出厂检验项目和在时效范围内最近一次型式检验中的抗风化性能、石灰爆裂及泛霜等项目的技术指标进行判定。其中有一项不合格，则判该批产品不合格。

8.4.8.3 型式检验

按第6章各项技术指标进行判定，其中有一项不合格则判该批产品不合格。

9 标志、包装、运输和贮存

9.1 标志

产品出厂时，应提供产品质量合格证。产品质量合格证主要内容包括：生产厂名、产品标记、批量及编号、证书编号、本批产品实测技术性能和生产日期等，并由检验员和承检单位签章。

9.2 包装

根据用户需求按品种和强度等级分别包装，包装应牢固，保证运输时不会摇晃碰坏。

9.3 运输

产品装卸时要轻拿轻放，避免碰撞摔打。

9.4 贮存

产品应按品种和强度等级分别整齐堆放，不得混杂。

附　录　A
（规范性附录）
配砖规格及技术要求

A.1　规格

常用配砖规格：175mm×115mm×53mm，其他配砖规格由供需双方协商确定。

A.2　技术要求

配砖的尺寸偏差、强度由供需双方协商确定。但抗风化性能、泛霜、石灰爆裂性能、放射性核素限量应符合 6.4、6.5、6.6、6.8 的规定。外观质量可参照表 2 执行。

附　录　B
（资料性附录）
风化区的划分

B.1　风化区用风化指数进行划分。

B.2　风化指数是指日气温从正温降至负温或负温升至正温的每年平均天数与每年从霜冻之日起至消失霜冻之日止这一期间降雨总量［以毫米（mm）计］的平均值的乘积。

B.3　风化指数大于或等于 12700 为严重风化区，风化指数小于 12700 为非严重风化区。全国风化区划分见表 B.1。

B.4　各地如有可靠数据，也可按计算的风化指数划分本地区的风化区。

表 B.1　风化区划分

严重风化区		非严重风化区	
1. 黑龙江省 2. 吉林省 3. 辽宁省 4. 内蒙古自治区 5. 新疆维吾尔自治区 6. 宁夏回族自治区 7. 甘肃省 8. 青海省 9. 陕西省 10. 山西省	11. 河北省 12. 北京市 13. 天津市 14. 西藏自治区	1. 山东省 2. 河南省 3. 安徽省 4. 江苏省 5. 湖北省 6. 江西省 7. 浙江省 8. 四川省 9. 贵州省 10. 湖南省	11. 福建省 12. 台湾省 13. 广东省 14. 广西壮族自治区 15. 海南省 16. 云南省 17. 上海市 18. 重庆市

附　录　C
（规范性附录）
欠火砖、酥砖、螺旋纹砖检验方法

C.1　特征

C.1.1　欠火砖

未达到烧结温度或保持烧结温度时间不够的砖，其特征是声音哑、土心，抗风化性能和耐久性能差。

C.1.2 酥砖

干砖坯受湿（潮）气或雨淋后成反潮坯、雨淋坯，或湿坯受冻后的冻坯，这类砖坯焙烧后为酥砖；或砖坯入窑焙烧时预热过急，导致烧成的砖易成为酥砖，酥砖极易从外观就能辨别出来，这类砖的特征是声音哑，强度低，抗风化性能和耐久性能差。

C.1.3 螺旋纹砖

以螺旋挤出机成型砖坯时，坯体内部形成螺旋状分层的砖，其特征是强度低，声音哑，抗风化性能差，受冻后会层层脱皮，耐久性能差。

C.2 检验方法

C.2.1 用看颜色，听声音、观划痕颜色的方法确定出该企业（单位）生产的合格的标准样品砖，作为检验欠火砖、酥砖、螺旋纹砖的参照物。

C.2.2 检验试样 50 块，在检测砖的外观质量的同时，进行欠火砖、酥砖、螺旋纹砖的检测，用观察试样砖的颜色、金属物件敲击试样听声音、在试样表面划痕查看划痕颜色方法进行综合判定，试样的颜色、声音、划痕明显不同于标准样品砖时，判定为欠火砖、酥砖、螺旋纹砖。

C.2.3 对欠火砖、酥砖、螺旋纹砖判定结果有争议时，将有争议的砖样按 6.4 规定进行冻融试验，试验结果应符合 6.4.3 的规定，判合格，否则，判不合格。

烧结空心砖和空心砌块 GB/T 13545—2014

1 范围

本标准规定了烧结空心砖和空心砌块的术语和定义、产品类别、规格、等级和标记、技术要求、试验方法、检验规则、标志、包装、运输和贮存。

本标准适用于以黏土、页岩、煤矸石、粉煤灰、淤泥（江、河、湖等淤泥）、建筑渣土及其他固体废弃物为主要原料，经焙烧而成，主要用于建筑物非承重部位的空心砖和空心砌块（以下简称空心砖和空心砌块）。

2 规范性引用文件

下列文件对于本文件的应用是必不可少的。凡是注日期的引用文件，仅注日期的版本适用于本文件。凡是不注日期的引用文件，其最新版本（包括所有的修改单）适用于本文件。

GB/T 2542　砌墙砖试验方法

GB 6566　建筑材料放射性核素限量

GB/T 18968　墙体材料术语

JC/T 466　砌墙砖检验规则

3 术语和定义

GB/T 18968 和 JC/T 466 界定的术语和定义适用于本文件。

4 产品类别、规格、等级和标记

4.1 类别

按主要原料分为黏土空心砖和空心砌块（N）、页岩空心砖和空心砌块（Y）、煤矸石空心砖和空心砌块（M）、粉煤灰空心砖和空心砌块（F）、淤泥空心砖和空心砌块（U）、建筑渣土空心砖和空心砌块（Z）、其他固体废弃物空心砖和空心砌块（G）。

4.2 规格

4.2.1 空心砖和空心砌块的外型为直角六面体（见图 1），混水墙用空心砖和空心砌块，应在大面和条面上设有均匀分布的粉刷槽或类似结构，深度不小于 2mm。

4.2.2 空心砖和空心砌块的长度、宽度、高度尺寸应符合下列要求：

——长度规格尺寸（mm）：390，290，240，190，180（175），140；

——宽度规格尺寸（mm）：190，180（175），140，115；

——高度规格尺寸（mm）：180（175），140，115，90。

其他规格尺寸由供需双方协商确定。

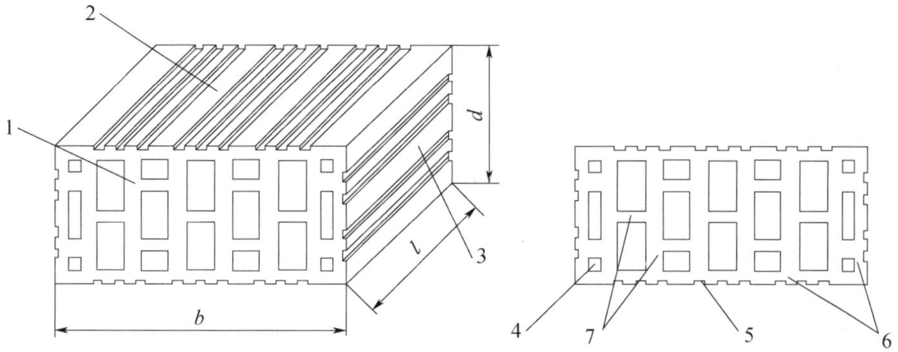

说明：

l—长度；　1—顶面；　4—壁孔；　6—外壁；

b—宽度；　2—大面；　5—粉刷槽；　7—肋

d—高度；　3—条面；

图 1　烧结空心砖和空心砌块示意图

4.3　等级

4.3.1　强度等级

按抗压强度分为 MU10.0、MU7.5、MU5.0、MU3.5。

4.3.2　密度等级

按体积密度分为 800 级、900 级、1000 级、1100 级。

4.4　标记

空心砖和空心砌块的产品标记按产品名称、类别、规格（长度×宽度×高度）、密度等级、强度等级和标准编号顺序编写。

示例：规格尺寸 290mm×190mm×90mm、密度等级 800、强度等级 MU7.5 的页岩空心砖，其标记为：烧结空心砖 Y（290×190×90）800　MU7.5　GB13545—2014

5　技术要求

5.1　尺寸允许偏差

尺寸允许偏差应符合表 1 的规定。

表 1　尺寸允许偏差　　单位为毫米

尺寸	样本平均偏差	样本极差　≤
>300	±3.0	7.0
>200～300	±2.5	6.0
100～200	±2.0	5.0
<100	±1.7	4.0

5.2　外观质量

空心砖和空心砌块的外观质量应符合表 2 的规定。

表 2　外观质量　　单位为毫米

项目		指标
1. 弯曲	不大于	4
2. 缺棱掉角的三个破坏尺寸	不得同时大于	30
3. 垂直度差	不大于	4
4. 未贯穿裂纹长度 ①大面上宽度方向及其延伸到条面的长度 ②大面上长度方向或条面上水平面方向的长度	 不大于 不大于	 100 120
5. 贯穿裂纹长度 ①大面上宽度方向及其延伸到条面的长度 ②壁、肋沿长度方向、宽度方向及其水平方向的长度	 不大于 不大于	 40 40
6. 肋、壁内残缺长度	不大于	40
7. 完整面[a]	不少于	一条面或一大面

[a] 凡有下列缺陷之一者，不能称为完整面：
a）缺损在大面、条面上造成的破坏面尺寸同时大于 20mm×30mm；
b）大面、条面上裂纹宽度大于 1mm，其长度超过 70mm。
c）压陷、粘底、焦花在大面、条面上的凹陷或凸出超过 2mm，区域尺寸同时大于 20mm×30mm。

5.3　强度等级

强度应符合表 3 的规定。

表 3　强度等级

强度等级	抗压强度/MPa		
	抗压强度平均值 $\overline{f} \geqslant$	变异系数 $\delta \leqslant 0.21$	变异系数 $\delta > 0.21$
		强度标准值 $f_k \geqslant$	单块最小抗压强度值 $f_{min} \geqslant$
MU10.0	10.0	7.0	8.0
MU7.5	7.5	5.0	5.8
MU5.0	5.0	3.5	4.0
MU3.5	3.5	2.5	2.8

5.4　密度等级

密度等级应符合表 4 的规定。

表 4　密度等级　　单位为千克每立方米

密度等级	五块体积密度平均值
800	≤800
900	801～900
1000	901～1000
1100	1001～1100

5.5　孔洞排列及其结构

5.5.1　孔洞排列及其结构应符合表 5 的规定。

表 5 孔洞排列及其结构

孔洞排列	孔洞排数/排		孔洞率/%	孔型
	宽度方向	高度方向		
有序或交错排列	b≥200mm ≥4 b<200mm ≥3	≥2	≥40	矩形孔

5.5.2 在空心砖和空心砌块的外壁内侧宜设置有序排列的宽度或直径不大于 10mm 的壁孔，壁孔的孔型可为圆孔或矩形孔，参见附录 B。

5.6 泛霜

每块空心砖和空心砌块不允许出现严重泛霜。

5.7 石灰爆裂

每组空心砖和空心砌块应符合下列规定：

a）最大破坏尺寸大于 2mm 且小于等于 15mm 的爆裂区域，每组空心砖和空心砌块不得多于 10 处。其中大于 10mm 的不得多于 5 处；

b）不允许出现最大破坏尺寸大于 15mm 的爆裂区域。

5.8 抗风化性能

5.8.1 风化区的划分见附录 A。

5.8.2 严重风化区中的 1、2、3、4、5 地区的空心砖和空心砌块应进行冻融试验，其他地区空心砖和空心砌块的抗风化性能符合表 6 规定时可不做冻融试验，否则应进行冻融试验。

表 6 抗风化性能

产品类别	项目							
	严 重 风 化 区				非 严 重 风 化 区			
	5h 沸煮吸水率/% ≤		饱和系数 ≤		5h 沸煮吸水率/% ≤		饱和系数 ≤	
	平均值	单块最大值	平均值	单块最大值	平均值	单块最大值	平均值	单块最大值
黏土砖和砌块	21	23	0.85	0.87	23	25	0.88	0.90
粉煤灰砖和砌块	23	25			30	32		
页岩砖和砌块	16	18	0.74	0.77	18	20	0.78	0.80
煤矸石砖和砌块	19	21			21	23		

注 1：粉煤灰掺入量（质量分数）小于 30%时按黏土空心砖和空心砌块规定判定。

注 2：淤泥、建筑渣土及其他固体废弃物掺入量（质量分数）小于 30%时按相应产品类别规定判定。

5.8.3 冻融循环 15 次试验后，每块空心砖和空心砌块不允许出现分层、掉皮、缺棱掉角等冻坏现象；冻后裂纹长度不大于表 2 中第 4 项、第 5 项的规定。

5.9 欠火砖（砌块）、酥砖（砌块）

产品中不允许有欠火砖（砌块）、酥砖（砌块）。

5.10 放射性核素限量

放射性核素限量应符合 GB 6566 的规定。

6 试验方法

6.1 尺寸允许偏差

检验样品数为 20 块，其检测方法按 GB/T 2542 的规定进行。其中每一尺寸测量不足 0.5mm 按 0.5mm 计。样本平均偏差是 20 块试样同一方向 40 个测量尺寸的算术平均值减去其公称尺寸的差值，样本极差是抽检的 20 块试样中同一方向 40 个测量尺寸中最大测量值与最小测量值之差值。

6.2 外观质量

6.2.1 垂直度差

砖或砌块各面之间构成的夹角不等于 90°时应测量垂直度差，测量方法见图 2。直角尺准确度等级为 1 级。

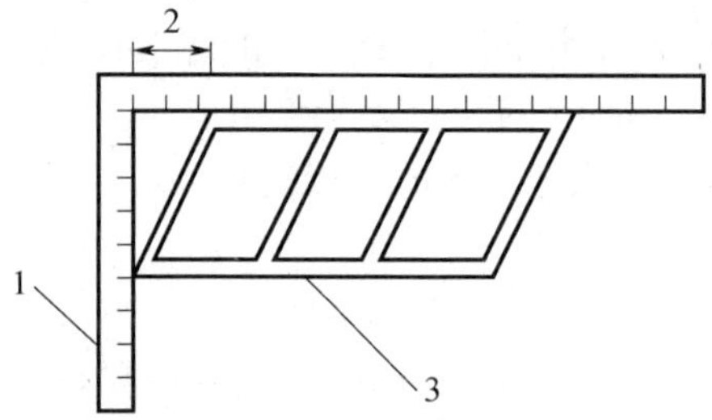

说明：

1—直角尺；

2—垂直度差；

3—砖或砌块

图 2 垂直度差测量方法

6.2.2 外观质量中其他项目检验按 GB/T 2542 的规定进行。

6.3 强度

6.3.1 强度结果表示、试验方法

强度以大面抗压强度结果表示，试验按 GB/T 2542 的规定进行。

6.3.2 强度变异系数、标准差

强度变异系数 δ、标准差 s 分别按式（1）、式（2）计算。

$$\delta=\frac{s}{\overline{f}} \tag{1}$$

$$s=\sqrt{\frac{1}{9}\sum_{i=1}^{10}(f_i-\overline{f})^2} \tag{2}$$

式中：

δ——空心砖和空心砌块强度变异系数，精确至 0.01；

s——10 块试样的抗压强度标准差，单位为兆帕（MPa），精确至 0.01；

$\overline{f}$——10 块试样的抗压强度平均值，单位为兆帕（MPa），精确至 0.1；

f_i——单块试样抗压强度测定值，单位为兆帕（MPa），精确至 0.01。

6.3.3 结果计算与评定

6.3.3.1 平均值——标准值方法评定

强度变异系数 $\delta \leqslant 0.21$ 时，按表 3 中抗压强度平均值 $\overline{f}$、强度标准值 f_k 评定空心砖和空心砌块的强度等级。

样本量 $n=10$ 时的强度标准值按式（3）计算。

$$f_k = \overline{f} - 1.83s \tag{3}$$

式中：

f_k——强度标准值，单位为兆帕（MPa），精确至 0.1。

6.3.3.2 平均值——最小值方法评定

强度变异系数 $\delta > 0.21$ 时，按表 3 中抗压强度平均值 $\overline{f}$、单块最小抗压强度值 f_{min} 评定空心砖和空心砌块的强度等级，单块最小抗压强度值精确至 0.1MPa。

6.4 体积密度、泛霜、石灰爆裂、孔洞排列及其结构、吸水率和饱和系数、冻融试验

按 GB/T 2542 规定的方法进行试验。

6.5 欠火砖（砌块）、酥砖（砌块）

敲击砖体、发出沉闷的声音，或目测的方法进行检测，出现争议时，将有争议的样品按 GB/T 2542 的规定进行冻融试验。

6.6 放射性核素限量

放射性核素限量检验按 GB 6566 的规定进行。

7 检验规则

7.1 检验分类

7.1.1 出厂检验

出厂检验项目包括尺寸允许偏差、外观质量、强度等级和密度等级。产品经出厂检验合格后方可出厂。

7.1.2 型式检验

型式检验项目包括本标准技术要求的全部项目。有下列之一情况者，应进行型式检验：

a）新厂生产试制定型检验；

b）正式生产后，原材料、工艺等发生较大的改变，可能影响产品性能时；

c）正常生产时，每半年进行一次；

d）出厂检验结果与上次型式检验结果有较大差异时；

e）放射性物质的检测在产品投产前或原料发生重大变化时进行一次。

7.2 批量

检验批的构成原则和批量大小按 JC/T 466 规定。3.5 万块～15 万块为一批，不足 3.5 万块按一批计。

7.3 抽样

7.3.1 外观质量和欠火砖（砌块）、酥砖（砌块）检验的样品采用随机抽样法，在每一检验批的产品堆垛中抽取。

7.3.2 其他检验项目的样品用随机抽样法从外观质量检验合格的样品中抽取。

7.3.3 抽样数量按表 7 进行。

表 7　抽样数量　　单位为块

序号	检验项目	抽样数量
1	外观质量［欠火砖（砌块）、酥砖（砌块）］	50（$n_1=n_2=50$）
2	尺寸允许偏差	20
3	强　　度	10
4	密　　度	5
5	孔洞排列及其结构	5
6	泛　　霜	5
7	石灰爆裂	5
8	吸水率和饱和系数	5
9	冻　　融	5
10	放射性核素限量	3

7.4　判定规则

7.4.1　尺寸允许偏差

尺寸允许偏差应符合表 1 的规定。否则，判不合格。

7.4.2　外观质量

外观质量采用 JC/T 466 二次抽样方案，根据表 2 规定的质量指标，检查出其中不合格品数 d_1，按下列规则判定：

a) $d_1 \leqslant 7$ 时，外观质量合格；

b) $d_1 \geqslant 11$ 时，外观质量不合格；

c) $d_1>7$，且 $d_1<11$ 时，需再次从该产品中抽样 50 块进行检验，检查出不合格品数 d_2，按下列规则判定：

d) $(d_1+d_2) \leqslant 18$ 时，外观质量合格；

e) $(d_1+d_2) \geqslant 19$ 时，外观质量不合格。

7.4.3　强度等级

强度等级的试验结果应符合表 3 的规定。否则，判不合格。

7.4.4　密度等级

密度等级的试验结果应符合表 4 的规定。否则，判不合格。

7.4.5　孔洞排列及其结构

孔洞排列及其结构试验结果应符合 5.5 的规定。否则，判不合格。

7.4.6　泛霜

泛霜试验结果应符合 5.6 的规定。否则，判不合格。

7.4.7　石灰爆裂

石灰爆裂试验结果应符合 5.7 的规定。否则，判不合格。

7.4.8　抗风化性能

抗风化性能试验结果应符合 5.8 的规定。否则，判不合格。

7.4.9 欠火砖（砌块）、酥砖（砌块）

欠火砖（砌块）、酥砖（砌块）试验结果应符合 5.9 的规定。

若用敲击或目测法检测，出现争议时，将有争议的样品按 GB/T 2542 的规定进行冻融试验，若冻融试验后，出现争议的样品均合格，则判合格，否则，判不合格。

7.4.10 放射性核素限量

放射性核素限量试验结果应符合 5.10 的规定。否则，判不合格。

7.4.11 总判定

7.4.11.1 样品中有欠火砖（砌块）、酥砖（砌块）则判该批产品不合格。

7.4.11.2 出厂检验结果的判定

按出厂检验项目和在时效范围内最近一次型式检验结果进行判定。其中有一项不符合标准要求，则判为不合格。

7.4.11.3 型式检验结果的判定

按第 5 章各项技术指标的要求判定，其中有一项不符合标准要求，则判该批产品不合格。

8 标志、包装、运输和贮存

8.1 标志

产品出厂时，应提供产品质量合格证。产品质量合格证主要内容包括：生产厂名、产品标记、批量及编号、证书编号、本批产品实测技术性能和生产日期等，并由检验员和单位签章。

8.2 包装

根据用户需求按类别、规格、强度等级、密度等级分别包装，包装应牢固，保证运输时不会摇晃碰坏。

8.3 运输

产品装卸时应轻拿轻放，避免碰撞摔打。

8.4 贮存

产品应按类别、规格、强度等级、密度等级分别整齐堆放，不得混杂。

附 录 A
（规范性附录）
风化区的划分

风化区用风化指数进行划分。

风化指数是指日气温从正温降至负温或负温升至正温的每年平均天数与每年从霜冻之日起至消失霜冻之日止这一期间降雨总量（以 mm 计）的平均值的乘积。

风化指数大于或等于 12700 为严重风化区，风化指数小于 12700 为非严重风化区。全国风化区划分见表 A.1。

各地如有可靠数据，也可按计算的风化指数划分本地区的风化区。

表 A.1　风化区划分

严重风化区		非严重风化区	
1. 黑龙江省 2. 吉林省 3. 辽宁省 4. 内蒙古自治区 5. 新疆维吾尔自治区 6. 宁夏回族自治区 7. 甘肃省 8. 青海省 9. 陕西省 10. 山西省 11. 河北省	12. 北京市 13. 天津市	1. 山东省 2. 河南省 3. 安徽省 4. 江苏省 5. 湖北省 6. 江西省 7. 浙江省 8. 四川省 9. 贵州省 10. 湖南省 11. 福建省	12. 台湾省 13. 广东省 14. 广西壮族自治区 15. 海南省 16. 云南省 17. 西藏自治区 18. 上海市 19. 重庆市 20. 香港地区 21. 澳门地区

附　录　B
(资料性附录)
烧结空心砖和空心砌块示意图例

本附录给出了一组满足本标准烧结空心砖和空心砌块孔结构的示意图，为生产企业及相关部门进一步理解本标准提供帮助。各企业可按本附录示范的孔结构及孔洞排列组织生产，亦可设计适合当地建筑要求其满足标准要求的烧结空心砖和空心砌块。

烧结空心砖和空心砌块的孔结构示意图，见图 B.1 和图 B.2。

图 B.1　空心砖孔洞排列示意图

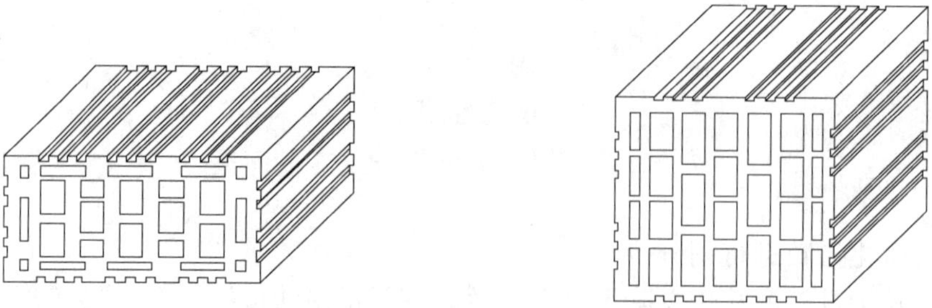

图 B.2　空心砌块孔洞排列示意图

烧结多孔砖和多孔砌块 GB 13544—2011

1 范围

本标准规定了烧结多孔砖和烧结多孔砌块的术语和定义、产品分类、规格、技术要求、试验方法、检验规则、产品合格证、存放和运输等。

本标准适用于以黏土、页岩、煤矸石、粉煤灰、淤泥（江河湖淤泥）及其他固体废弃物等为主要原料，经焙烧制成主要用于建筑物承重部位的多孔砖和多孔砌块（以下简称砖和砌块）。

2 规范性引用文件

下列文件对于本文件的应用是必不可少的。凡是注日期的引用文件，仅注日期的版本适用于本文件。凡是不注日期的引用文件，其最新版本（包括所有的修改单）适用于本文件。

GB/T 2542 砌墙砖试验方法

GB 6566 建筑材料放射性核素限量

GB/T 18968 墙体材料术语

JC/T 466 砌墙砖检验规则

3 术语和定义

GB/T 18968 和 JC/T 466 界定的以及下列术语和定义适用于本文件。

3.1

烧结多孔砌块 fired perforated block

经焙烧而成，孔洞率大于或等于 33%，孔的尺寸小而数量多的砌块。主要用于承重部位。

3.2

粉刷槽 painting channel

设在砖或砌块条面或顶面上深度不小于 2mm 的沟或类似结构。

3.3

砌筑砂浆槽 masonry mortar channel

设在砌块条面或顶面上深度大于 15mm 的凹槽。

3.4

强度标准值(f_k) strength standard value

具有 95%保证概率的强度。本标准中，样本是 $n=10$ 时的强度标准值由 $f_k=\overline{X}-1.83s$ 计算。

4 产品分类、规格、等级和标记

4.1 产品分类

按主要原料分为黏土砖和黏土砌块（N）、页岩砖和页岩砌块（Y）、煤矸石砖和煤矸石砌块（M）、粉煤灰砖和粉煤灰砌块（F）、淤泥砖和淤泥砌块（U）、固体废弃物砖和固体废弃物砌块（G）。

4.2 规格

4.2.1 砖和砌块的外型一般为直角六面体，在与砂浆的接合面上应设有增加结合力的粉刷槽和砌筑砂浆槽（如附录B所示），并符合下列要求：

粉刷槽：混水墙用砖和砌块，应在条面和顶面上设有均匀分布的粉刷槽或类似结构，深度不小于2mm。

砌筑砂浆槽：砌块至少应在一个条面或顶面上设立砌筑砂浆槽。两个条面或顶面都有砌筑砂浆槽时，砌筑砂浆槽深应大于15mm且小于25mm；只有一个条面或顶面有砌筑砂浆槽时，砌筑砂浆槽深应大于30mm且小于40mm。砌筑砂浆槽宽应超过砂浆槽所在砌块面宽度的50%。

4.2.2 砖和砌块的长度、宽度、高度尺寸应符合下列要求：

砖规格尺寸（mm）：290、240、190、180、140、115、90。

砌块规格尺寸（mm）：490、440、390、340、290、240、190、180、140、115、90。

其他规格尺寸由供需双方协商确定。

4.3 等级

4.3.1 强度等级

根据抗压强度分为MU30、MU25、MU20、MU15、MU10五个强度等级。

4.3.2 密度等级

砖的密度等级分为1000、1100、1200、1300四个等级。

砌块的密度等级分为900、1000、1100、1200四个等级。

4.4 产品标记

砖和砌块的产品标记按产品名称、品种、规格、强度等级、密度等级和标准编号顺序编写。

标记示例：规格尺寸290mm×140mm×90mm、强度等级MU25、密度1200级的黏土烧结多孔砖，其标记为：烧结多孔砖N 290×140×90 MU25 1200 GB 13544—2011

5 技术要求

5.1 尺寸允许偏差

尺寸允许偏差应符合表1的规定。

表1 尺寸允许偏差 单位为毫米

尺寸	样本平均偏差	样本极差 ≤
>400	±3.0	10.0
300～400	±2.5	9.0
200～300	±2.5	8.0
100～200	±2.0	7.0
<100	±1.5	6.0

5.2 外观质量

砖和砌块的外观质量应符合表2的规定。

表2 外观质量 单位为毫米

项目		指标
1. 完整面	不得少于	一条面和一顶面
2. 缺棱掉角的三个破坏尺寸	不得同时大于	30
3. 裂纹长度 a）大面（有孔面）上深入孔壁15mm以上宽度方向及其延伸到条面的长度 b）大面（有孔面）上深入孔壁15mm以上长度方向及其延伸到顶面的长度 c）条顶面上的水平裂纹	 不大于 不大于 不大于	 80 100 100
4. 杂质在砖或砌块面上造成的凸出高度	不大于	5
注：凡有下列缺陷之一者，不能称为完整面： a）缺损在条面或顶面上造成的破坏面尺寸同时大于20mm×30mm； b）条面或顶面上裂纹宽度大于1mm，其长度超过70mm； c）压陷、焦花、粘底在条面或顶面上的凹陷或凸出超过2mm，区域最大投影尺寸同时大于20mm×30mm。		

5.3 密度等级

密度等级应符合表3的规定。

表3 密度等级 单位为千克每立方米

密度等级		3块砖或砌块干燥表观密度平均值
砖	砌块	
—	900	≤900
1000	1000	900～1000
1100	1100	1000～1100
1200	1200	1100～1200
1300	—	1200～1300

5.4 强度等级

强度应符合表4的规定。

表4 强度等级 单位为兆帕

强度等级	抗压强度平均值 $\overline{f}$≥	强度标准值 f_k≥
MU30	30.0	22.0
MU25	25.0	18.0
MU20	20.0	14.0
MU15	15.0	10.0
MU10	10.0	6.5

5.5 孔型孔结构及孔洞率

孔型孔结构及孔洞率应符合表5的规定。

表5 孔型孔结构及孔洞率

孔型	孔洞尺寸/mm		最小外壁厚/mm	最小肋厚/mm	孔洞率/%		孔洞排列
	孔宽度尺寸 b	孔长度尺寸 L			砖	砌块	
矩型条孔 或 矩型孔	≤13	≤40	≥12	≥5	≥28	≥33	1. 所有孔宽应相等。孔采用单向或双向交错排列； 2. 孔洞排列上下、左右应对称，分布均匀，手抓孔的长度方向尺寸必须平行于砖的条面。

注1：矩型孔的孔长 L、孔宽 b 满足式 $L \geqslant 3b$ 时，为矩型条孔。
注2：孔四个角应做成过渡圆角，不得做成直尖角。
注3：如设有砌筑砂浆槽，则砌筑砂浆槽不计算在孔洞率内。
注4：规格大的砖和砌块应设置手抓孔，手抓孔尺寸为（30～40）mm×（75～85）mm。

5.6 泛霜

每块砖或砌块不允许出现严重泛霜。

5.7 石灰爆裂

a）破坏尺寸大于2mm且小于或等于15mm的爆裂区域，每组砖和砌块不得多于15处。其中大于10mm的不得多于7处。

b）不允许出现破坏尺寸大于15mm的爆裂区域。

5.8 抗风化性能

5.8.1 风化区的划分见附录A。

5.8.2 严重风化区中的1、2、3、4、5地区的砖、砌块和其他地区以淤泥、固体废弃物为主要原料生产的砖和砌块必须进行冻融试验；其他地区以黏土、粉煤灰、页岩、煤矸石为主要原料生产的砖和砌块的抗风化性能符合表6规定时可不做冻融试验，否则必须进行冻融试验。

表6 抗风化性能

种类	项目							
	严重风化区				非严重风化区			
	5h沸煮吸水率/%≤		饱和系数≤		5h沸煮吸水率/%≤		饱和系数≤	
	平均值	单块最大值	平均值	单块最大值	平均值	单块最大值	平均值	单块最大值
黏土砖和砌块	21	23	0.85	0.87	23	25	0.88	0.90
粉煤灰砖和砌块	23	25			30	32		
页岩砖和砌块	16	18	0.74	0.77	18	20	0.78	0.80
煤矸石砖和砌块	19	21			21	23		

注：粉煤灰掺入量（质量比）小于30%时按黏土砖和砌块规定判定。

5.8.3 15次冻融循环试验后，每块砖和砌块不允许出现裂纹、分层、掉皮、缺棱掉角等冻坏现象。

5.9 产品中不允许有欠火砖（砌块）、酥砖（砌块）。

5.10 放射性核素限量

砖和砌块的放射性核素限量应符合 GB 6566 的规定。

6 试验方法

6.1 尺寸允许偏差

检验样品数为 20 块，其方法按 GB/T 2542 进行。其中每一尺寸测量不足 0.5mm 按 0.5mm 计，每一方向尺寸以两个测量值的算术平均值表示。

样本平均偏差是 20 块试样同一方向 40 个测量尺寸的算术平均值减去其公称尺寸的差值，样本极差是抽检的 20 块试样中同一方向 40 个测量尺寸中最大测量值与最小测量值之差值。

6.2 外观质量

外观质量的检验按 GB/T 2542 的规定进行。

6.3 密度等级

密度试验按 GB/T 2542 规定的进行。

6.4 强度等级

6.4.1 强度以大面（有孔面）抗压强度结果表示。其中试样数量为 10 块。试验后按式（1）计算出强度标准差 s。

$$s=\sqrt{\frac{1}{9}\sum_{i=1}^{10}(f_i-\overline{f})^2} \tag{1}$$

式中：

s——10 块试样的抗压强度标准差，单位为兆帕（MPa），精确至 0.01；

$\overline{f}$——10 块试样的抗压强度平均值，单位为兆帕（MPa），精确至 0.1；

f_i——单块试样抗压强度测定值，单位为兆帕（MPa），精确至 0.01。

6.4.2 结果计算与评定

按表 4 中抗压强度平均值 $\overline{f}$、强度标准值 f_k 评定砖和砌块的强度等级，精确至 0.1MPa。

样本量 $n=10$ 的强度标准值按式（2）计算。

$$f_k=\overline{f}-1.83s \tag{2}$$

式中：

f_k——强度标准值，精确至 0.1MPa。

6.5 孔型孔结构及孔洞率

孔型孔结构及孔洞率取 3 块试样（亦可用密度试验后的样品），试验方法按 GB/T 2542 的规定进行。

6.6 泛霜、石灰爆裂、吸水率和饱和系数

泛霜、石灰爆裂、吸水率和饱和系数试验按 GB/T 2542 的规定进行。

6.7 冻融

试样数量为 5 块，其方法按 GB/T 2542 的规定进行。

6.8 欠火砖（砌块）、酥砖（砌块）

检验样品数按 GB/T 2542 外观检测规定进行，用目测、敲击和划痕的方法进行检测。

6.9 放射性核素限量

放射性核素限量按GB 6566的规定进行。放射性所需样品可以采用密度等级试验后的样品，经粉碎后充分混匀后抽取。

7 检验规则

7.1 检验分类

产品检验分出厂检验和型式检验。

7.1.1 出厂检验

7.1.1.1 产品经出厂检验合格并附合格证方可出厂。

7.1.1.2 出厂检验项目包括尺寸允许偏差、外观质量、孔型孔结构及孔洞率、密度等级和强度等级。

7.1.2 型式检验

7.1.2.1 有下列之一情况者，应进行型式检验。

a）新厂生产试制定型检验；

b）正式生产后，原材料、工艺等发生较大的改变，可能影响产品性能时；

c）正常生产时，每半年进行一次；

d）出厂检验结果与上次型式检验结果有较大差异时。

7.1.2.2 型式检验项目包括本标准技术要求的全部项目。

7.2 批量

检验批的构成原则和批量大小按JC/T 466规定。3.5万～15万块为一批，不足3.5万块按一批计。

7.3 抽样

7.3.1 外观质量检验的试样采用随机抽样法，在每一检验批的产品堆垛中抽取。

7.3.2 其他检验项目的样品用随机抽样法从外观质量检验合格的样品中抽取。

7.3.3 抽样数量按表7进行。

表7 抽样数量

序号	检验项目	抽样数量/块
1	外观质量	50（$n_1=n_2=50$）
2	尺寸允许偏差	20
3	密度等级	3
4	强度等级	10
5	孔型孔结构及孔洞率	3
6	泛霜	5
7	石灰爆裂	5
8	吸水率和饱和系数	5
9	冻融	5
10	放射性核素限量	3

7.4 判定规则

7.4.1 尺寸允许偏差

尺寸允许偏差应符合表1规定。否则，判不合格。

7.4.2 外观质量

外观质量采用JC/T 466二次抽样方案，根据表2规定的质量指标，检查出其中不合格品数 d_1，按下列规则判定：

$d_1 \leqslant 7$ 时，外观质量合格；

$d_1 \geqslant 11$ 时，外观质量不合格；

$d_1 > 7$，且 $d_1 < 11$ 时，需再次从该产品批中抽样50块检验，检查出不合格品数 d_2，按下列规则判定：

$(d_1 + d_2) \leqslant 18$ 时，外观质量合格；

$(d_1 + d_2) \geqslant 19$ 时，外观质量不合格。

7.4.3 密度等级

密度的试验结果应符合表3的规定。否则，判不合格。

7.4.4 强度等级

强度的试验结果应符合表4的规定。否则，判不合格。

7.4.5 孔型孔结构及孔洞率

孔型孔结构及孔洞率应符合表5的规定。否则，判不合格。

7.4.6 泛霜和石灰爆裂

泛霜和石灰爆裂试验结果应分别符合5.6和5.7的规定。否则，判不合格。

7.4.7 抗风化性能

抗风化性能应符合5.8的规定。否则，判不合格。

7.4.8 放射性核素限量

放射性核素限量应符合5.10的规定。

7.4.9 总判定

7.4.9.1 外观检验的样品中有欠火砖（砌块）、酥砖（砌块），则判该批产品不合格。

7.4.9.2 出厂检验的判定

按出厂检验项目和在时效范围内最近一次型式检验中的石灰爆裂、泛霜、抗风化性能等项目的技术指标进行判定。其中有一项不合格，则判为不合格。

7.4.9.3 型式检验的判定

按第5章各项技术指标检验判定，其中有一项不合标则判该批产品不合格。

8 产品合格证、存放和运输

8.1 产品合格证

产品质量合格证主要内容包括：生产厂名、产品标记、批量及编号、证书编号、本批产品实测技术性能和生产日期等，并由检验员和单位签章。

8.2 贮存

产品存放时，应按品种、规格、颜色分类整齐存放，不得混杂。

8.3 运输

在运输装卸时，要轻拿轻放，严禁碰撞、扔摔，禁止翻斗倾卸。

附 录 A
（资料性附录）
风化区的划分

A.1 风化区用风化指数进行划分。

A.2 风化指数是指日气温从正温降至负温或负温升至正温的每年平均天数与每年从霜冻之日起至消失霜冻之日止这一期间降雨总量（以 mm 计）的平均值的乘积。

A.3 风化指数大于或等于 12700 为严重风化区，风化指数小于 12700 为非严重风化区。全国风化区划分见表 A.1。

A.4 各地如有可靠数据，也可按计算的风化指数划分本地区的风化区。

表 A.1 风化区划分

严重风化区		非严重风化区	
1. 黑龙江省	11. 河北省	1. 山东省	11. 福建省
2. 吉林省	12. 北京市	2. 河南省	12. 台湾省
3. 辽宁省	13. 天津市	3. 安徽省	13. 广东省
4. 内蒙古自治区		4. 江苏省	14. 广西壮族自治区
5. 新疆维吾尔自治区		5. 湖北省	15. 海南省
6. 宁夏回族自治区		6. 江西省	16. 云南省
7. 甘肃省		7. 浙江省	17. 西藏自治区
8. 青海省		8. 四川省	18. 上海市
9. 陕西省		9. 贵州省	19. 重庆市
10. 山西省		10. 湖南省	

附 录 B
（资料性附录）
烧结多孔砖和多孔砌块示意图例

B.1 本附录给出了一组满足本标准烧结多孔砖和多孔砌块孔结构的示意图，为生产企业及相关部门进一步理解标准提供帮助。各企业可按本附录示范的孔结构及孔洞率组织生产，亦可设计适合当地建筑要求且满足标准孔结构及孔洞率规定的烧结多孔砖和多孔砌块。

B.2 烧结多孔砖和多孔砌块孔结构示意图。

1——大面（坐浆面）；
2——条面；
3——顶面；
4——外壁；
5——肋；
6——孔洞；
l——长度；
b——宽度；
d——高度。

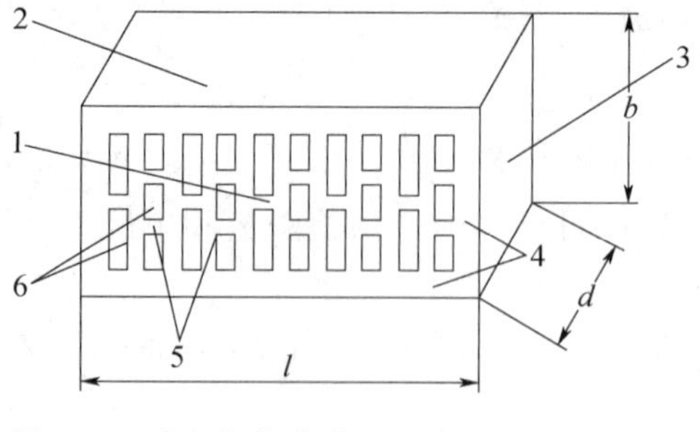

图 B.1 砖各部位名称

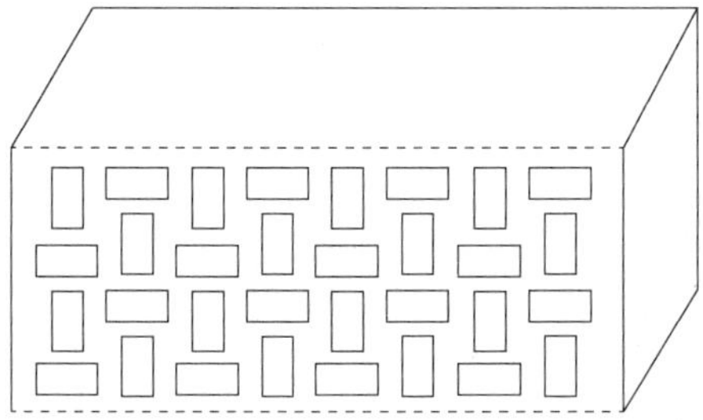

图 B.2　砖孔洞排列示意图

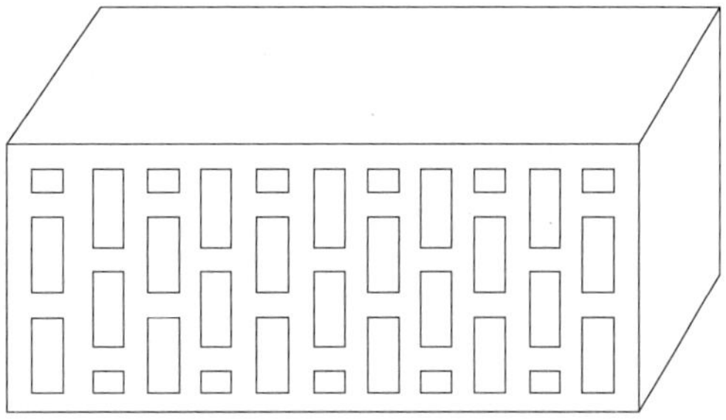

图 B.3　砖孔洞排列示意图

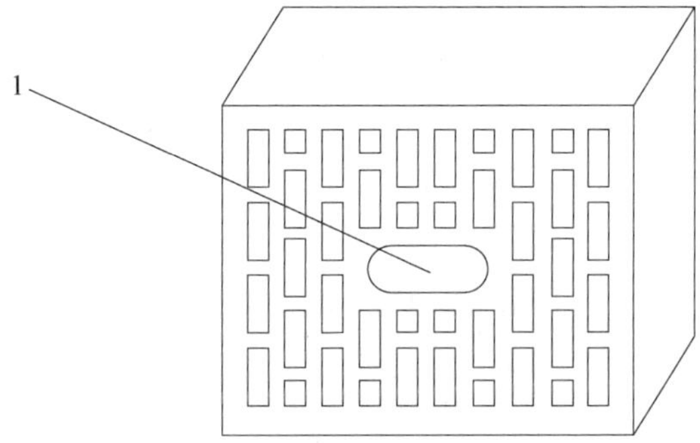

1——手抓孔。

图 B.4　砖孔洞排列示意图

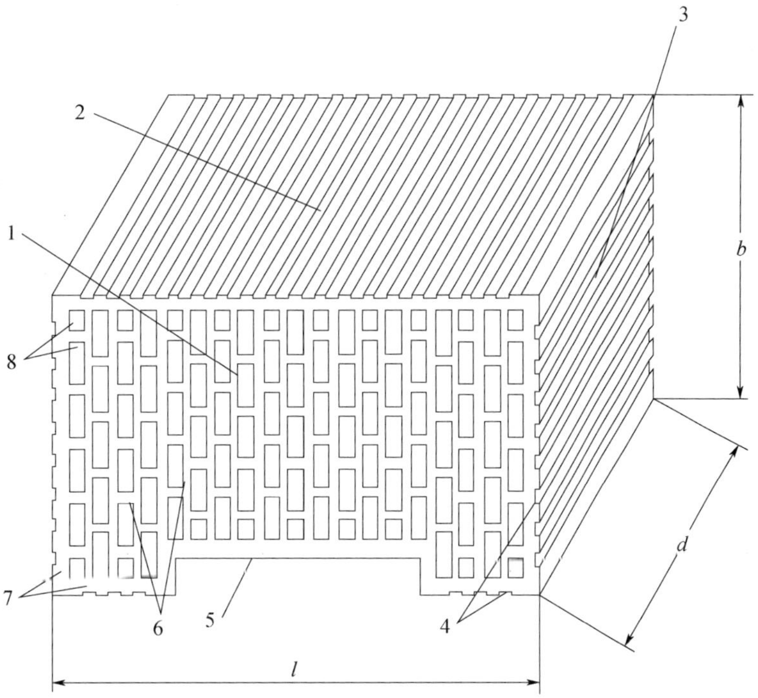

1——大面（坐浆面）；
2——条面；
3——顶面；
4——粉刷沟槽；
5——砂浆槽；
6——肋；
7——外壁；
8——孔洞；
l——长度；
b——宽度；
d——高度。

图 B.5　砌块各部位名称

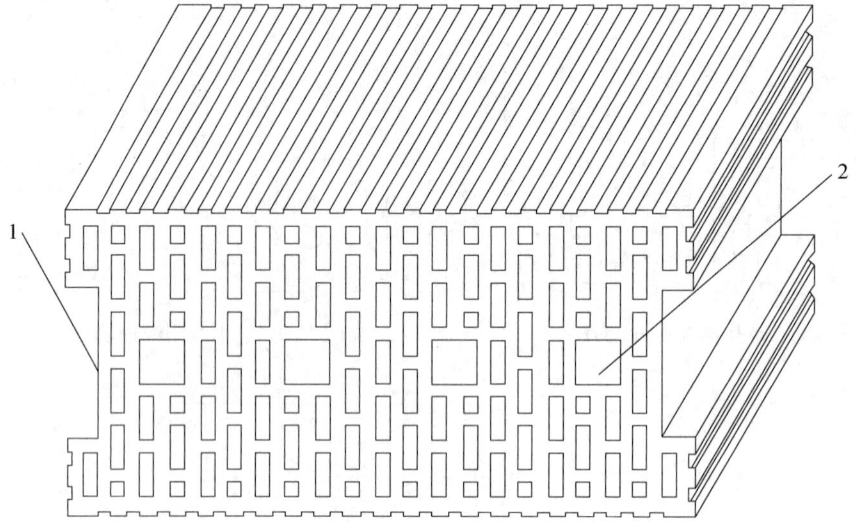

1——砂浆槽；
2——手抓孔。

图 B.6　砌块孔洞排列示意图

尾矿堆积坝排渗加固工程技术规范 GB 51118—2015

1 总则

1.0.1 为了在尾矿堆积坝排渗加固工作中做到安全适用、技术先进、运行可靠、保护环境、经济合理，制定本规范。

1.0.2 本规范适用于尾矿堆积坝排渗加固工程的勘察、设计、施工、检验、监测及验收。

1.0.3 尾矿堆积坝排渗加固，应坚持因地制宜、就地取材、保护环境和节约资源的原则，进行勘察和设计，强化施工质量控制与管理。

1.0.4 尾矿堆积坝的排渗加固，除应符合本规范外，尚应符合国家现行有关标准的规定。

2 术语和符号

2.1 术语

2.1.1 尾矿坝 tailings dam

拦挡尾矿和水的尾矿库外围构筑物。通常指尾矿库初期坝和尾矿堆积坝的总体。

2.1.2 尾矿堆积坝 tailings embankment

生产过程中用尾矿堆积而成的坝。

2.1.3 浸润线 phreatic line

坝体中渗流水的自由表面的位置，在剖面上为一条曲线。

2.1.4 控制浸润线 controlled position of phreatic line

既满足临界浸润线要求，又满足尾矿堆积坝下游坡最小埋深浸润线要求的坝体最高浸润线。

2.1.5 临界水力梯度 critical hydraulic gradient

开始发生流土或管涌时的水力梯度。

2.1.6 排渗加固 drainge-consolidation

通过设置排渗设施，降低坝体内浸润线、改良尾矿堆积坝体工程性能、提高坝体稳定性的技术方法。

2.1.7 贴坡排渗 fitting-slope drainage

为防止细颗粒流失，在坝体下游坡面渗流出逸段设置护坡的排渗加固方法。

2.1.8 管井排渗 pipe well drainage

通过管状水井抽取尾矿坝坝体内渗流水，降低浸润线的排渗加固方法。

2.1.9 排渗管排渗 tube drainage

在坝体内设置排渗管，降低浸润线的自流排渗加固方法。

2.1.10 垂直-水平联合排渗 vertical-horizontal drainage

通过在坝体内设置垂直排渗体与水平排渗体对接组成的排渗系统，降低浸润线的自流排渗加固方法。

2.1.11 虹吸排渗 siphon drainage

水源井的水在内外水头差作用下，通过虹吸管流至坝外或水封池的排渗加固方法。

2.1.12 辐射井排渗 radial well drainage

利用辐射状排渗管将堆积坝体内渗流水自流至集水井内，并通过导水管自流排出坝体以外的排渗加固方法。

2.2 符号

b——塑料排水板宽度，袋装砂砾井分段连续长度；

D——管井滤水管的外径，虹吸管的管径；

H——潜水含水层厚度；

H_w——管井深度；

K——渗透系数；

L——水平排渗管长度，辐射井单根排渗管长度；

l——滤水管工作部分长度；

n——滤水管进水表面有效孔隙率，排渗管的根数；

Q——管井出水量，虹吸井单井出水量，辐射井出水量；

q——辐射井中单根排渗管出水量；

R——影响半径；

r——管井的半径；

S——水位降深。

3 基本规定

3.0.1 尾矿堆积坝出现下列情况之一时，应进行排渗加固：

1 坝坡有流土、管涌、浸润线出逸、沼泽化、湿地等现象；

2 实测浸润线高于设计控制浸润线。

3.0.2 排渗加固工程施工前，应进行勘察和设计。

3.0.3 对于高于设计控制浸润线导致的尾矿堆积坝临时抢险工程，除险后应按本规范要求进行排渗加固。

3.0.4 排渗加固必须符合坝体渗流稳定性、静力稳定性和动力稳定性的要求。

3.0.5 排渗加固工程应综合工程地质、水文地质和环境条件等因素的影响，选用排渗加固方法。

3.0.6 排渗加固场地复杂程度可根据工程地质及水文地质条件按表3.0.6划分。

表3.0.6 排渗加固场地复杂程度划分表

排渗加固场地复杂程度等级	工程地质和水文地质特征
复杂场地	1. 各类尾矿交错分布，工程性质变化大，相对含水层和隔水层分布复杂； 2. 实测浸润线严重超出控制浸润线，存在出逸点、流土、管涌、沼泽化或湿地等现象，存在地下障碍物
中等复杂场地	1. 各类尾矿层状分布，工程性质变化较大，相对含水层和隔水层分布较复杂； 2. 实测浸润线超出控制浸润线，存在发生出逸点、沼泽化、湿地等现象的趋势

续表

排渗加固场地复杂程度等级	工程地质和水文地质特征
简单场地	1. 砂性尾矿为主，工程性质变化不大，含水层单一； 2. 实测浸润线稍超出控制浸润线，无出逸点、流土、管涌、沼泽化等现象

注：1. 排渗加固场地系指排渗加固地段及其周边影响范围；
2. 尾矿类别可按现行国家标准《尾矿堆积坝岩土工程技术规范》GB 50547 划分；
3. 从复杂场地开始，向中等复杂场地、简单场地依次推定排渗加固场地复杂程度，以最先满足表中条件之一者为准。

4 勘察

4.1 一般规定

4.1.1 岩土工程勘察应依据委托单位提供的任务书或技术要求进行。

4.1.2 岩土工程勘察等级应根据尾矿库等别和排渗加固场地复杂程度确定。尾矿库等别应符合现行国家标准《尾矿设施设计规范》GB 50863 的有关规定，排渗加固场地复杂程度可按本规范第 3.0.6 条确定。一等～三等尾矿库或复杂场地尾矿坝排渗加固岩土工程勘察等级应为甲级，其余应为乙级。

4.1.3 当现有勘察资料不满足排渗加固设计要求时，应进行排渗加固勘察。

4.1.4 勘察纲要应根据勘察目的和技术要求，在现场踏勘、搜集和分析已有资料的基础上编制。

4.1.5 勘察技术要求除应满足本规范以外，尚应符合现行国家标准《尾矿堆积坝岩土工程技术规范》GB 50547 的有关规定。

4.2 勘察技术要求

4.2.1 勘察内容应符合下列规定：

1 应查明排渗加固影响范围内堆积物的成分、颗粒组成、密实度、沉积规律和层位分布特征；

2 应查明尾矿堆积体中含水层和隔水层的分布情况，并应提供各层水文地质参数；

3 应查明尾矿堆积体的工程特性，提供各层尾矿的物理力学指标，对辐射井排渗加固工程，应提供各尾矿层与井壁的单位摩阻力标准值；

4 应查明初期坝的结构形式、反滤和排渗设施的设置及运行情况；

5 应查明勘察期间尾矿堆积体内浸润线的位置，综合尾矿库运行过程中取得的浸润线和库水位观测记录资料，分析浸润线和库水位变化规律及其与控制浸润线的关系；

6 应查明反滤层、渗流层、土工合成材料等已有设施和地下障碍物的分布情况，并应分析评价对排渗加固工程的影响；

7 应查明尾矿堆积体中渗流出逸点、流土、管涌、沼泽化、湿地等分布情况，分析其成因、发展趋势及其对尾矿堆积坝稳定性的影响，并应提出相应的工程治理措施建议。

4.2.2 勘察前应搜集，整理和分析下列资料：

1 尾矿的原矿性质、选矿工艺、尾矿的矿物成分和化学成分，尾矿的颗粒组成；

2 尾矿排放堆积方式、坝体上升速度、最终堆积高度、沉积滩的分布和变化情况以及尾矿库运行情况；

3 初期坝的结构形式，防渗和排渗设施的设置及其运行情况；

4 坝体浸润线、渗透水量和水质等观测设施的分布及监测资料；

5 已有勘察资料、设计文件及施工竣工等资料。

4.2.3 工程地质测绘和调查应符合下列规定：

1 测绘和调查范围应包括排渗加固设施的范围及相关的外围；

2 工程地质测绘比例尺宜为 1：500～1：2000；

3 对坝体有重大影响的变形，裂缝、渗漏、管涌、流土、沼泽化、湿地等现象的地质单元体，可扩大比例尺表示；

4 地质界线和地质点的测绘精度，在图上的误差不得超过 3mm。

4.2.4 勘探方法应以钻探、静力触探为主，可辅以物探、井探和槽探。

4.2.5 勘探线、勘探点的布置应符合下列规定：

1 在管涌、流土等地段应沿渗流方向向上游布置勘探线，勘探线上游端应达到上游拟布设排渗设施的部位；

2 在渗流出逸点、沼泽化、湿地等地段，应沿渗流方向向上游布置勘探线，勘探线上游端应达到实测浸润线低于控制浸润线的部位或上游拟布设排渗设施的部位；

3 沿拟设置的排渗管、导水管等排渗设施应布置勘探线；

4 勘探点的间距可按表 4.2.5 确定；

表 4.2.5 尾矿坝排渗加固勘察勘探点的间距（m）

排渗加固场地复杂程度等级	复杂场地	中等复杂场地	简单场地
勘探点间距	≤15	15～30	30～40

注：当尾矿堆积体中隔水层变化复杂时，应加密勘探点。

5 用于排渗加固的管井和辐射井应单独布置勘探点，每个井布置勘探孔不得少于 1 个。

4.2.6 勘探点的深度应符合下列规定：

1 在管涌、流土、渗流出逸点、沼泽化、湿地等地段，控制性勘探孔数量不应少于勘探点总数的 1/3，深度应达到控制浸润线下 8m～10m。一般勘探孔应达到控制浸润线下 5m～8m。

2 在辐射井地段，勘探孔深度应进入井底标高以下 5m～8m。

3 对管井、虹吸井等其他竖向排渗体，勘探孔深度应进入井底标高以下 2m～3m。

4 沿排渗管、导水管等水平排渗体地段，勘探点深度应进入其埋设深度以下 2m～3m。

4.2.7 采取尾矿土试样应符合下列规定：

1 所有钻孔均应取样，对以粉性和黏性为主的尾矿土应采用薄壁取土器或回转取土器采取不扰动样，砂性为主的尾矿土应采用取砂器采取不扰动样，取样的垂直间距宜为 1.0m～1.5m；

2 每一主要尾矿层的不扰动试样数量应满足试验项目和统计分析的需要；

3 当尾矿层不均匀时，应相应增加取样数量。

4.2.8 标准贯入试验的垂直间距宜为 1.0m～1.5m。

4.2.9 水、土对建筑材料的腐蚀性评价应取样试验，且试验数量不宜少于 3 件。腐蚀性试验项目应符合现行国家标准《岩土工程勘察规范》GB 50021 的有关规定。

4.2.10 室内试验应根据渗流计算与稳定性分析要求及尾矿特性确定。尾矿的试验项目应包括下列内容：

1 砂性尾矿的颗粒级配、比重、天然含水量、天然密度、相对密度，抗剪强度、垂直和水平渗透系数；

2 粉性尾矿的颗粒级配、液限、塑限、比重、天然含水量、天然密度、抗剪强度、垂直和水平渗透系数；

3 黏性尾矿的液限、塑限、比重、天然含水量、天然密度、抗剪强度、垂直和水平渗透系数。

4.2.11 砂性尾矿和粉性尾矿宜进行室内渗透变形试验确定临界水力梯度，室内渗透变形试验应符合本规范附录A的规定。

4.2.12 浸润线以下的尾矿应进行饱和状态抗剪强度试验。

4.2.13 探井中可分别平行和垂直尾矿层理取样进行相应的室内渗透试验。

4.3 水文地质测试

4.3.1 勘探孔均应量测初见地下水位和稳定地下水位。稳定地下水位与初见水位量测的时间间隔，对于砂性尾矿不得少于0.5h，对于粉性尾矿、黏性尾矿不得少于8h。

4.3.2 当采用抽水试验法或注水试验法测定尾矿的渗透系数时，试验数量不得少于3处。

4.3.3 抽水试验应符合下列规定：

1 根据场地水文地质条件，抽水试验可选择稳定流或非稳定流的试验方法。稳定流试验宜做三次降深，非稳定流试验应保持稳定出水量。

2 当水位较深、水量不大时，可选用抽筒提水进行简易抽水试验。

3 观测孔宜垂直和平行地下水流向各布一条观测线，每条线上宜布置1个～3个观测孔。观测孔与抽水孔的距离应根据含水层的厚度、透水性能等因素确定。

4 试验期间，应对钻孔中静水位、动水位、恢复水位进行量测，同时应对库内水位、坝坡渗流出逸点的水位及其变化进行监测。

5 其他要求应符合现行国家标准《冶金工业岩土勘察原位测试规范》GB/T 50480的有关规定。

4.3.4 抽水试验成果应包括下列内容：

1 抽水和观测钻孔平面布置图、柱状图、抽水孔结构图；

2 出水量与时间关系曲线 $Q=f(t)$、水位降深与时间关系曲线 $S=f(t)$、出水量与降深关系曲线 $Q=f(s)$、单位出水量与降深关系曲线 $q=f(s)$；

3 影响半径、渗透系数和勘察期间地下水的实际水力梯度等计算公式及结果。

4.3.5 注水试验应符合现行国家标准《冶金工业岩土勘察原位测试规范》GB/T 50480的有关规定，试验方法宜符合下列规定：

1 浸润线以上尾矿可采用试坑注水法，砂性尾矿宜采用单环注水法，黏性、粉性尾矿宜采用双环自流注水法；

2 浸润线以下可采用钻孔注水法，砂性尾矿宜采用常水头注水法，粉性和黏性尾矿宜采用降水头注水法。

4.3.6 注水试验成果应包括下列内容：

1 注水试验综合图；

2　采用试坑注水法时，稳定流量与时间关系曲线 $Q=f(t)$，尾矿渗透系数的计算公式及结果；

3　采用钻孔降水头法时，水头比 H/H_0 与时间的关系曲线，滞后时间 T，尾矿渗透系数的计算公式及结果；

4　采用钻孔常水头法时，流量 q 与时间 t 的关系曲线，尾矿渗透系数的计算公式及结果。

4.4　勘察成果报告

4.4.1　岩土工程勘察报告应包括下列内容：

1　工程概况；

2　勘察目的和依据；

3　勘察方法和勘察工作布置；

4　场地位置、地形地貌、气象水文及区域地质概况；

5　地层、地质构造、尾矿堆积坝和沉积滩的物质组成、岩性特征、沉积规律、不良地质作用等场地工程地质条件；

6　地下水的赋存条件及其类型、相对含水层和隔水层的特性及分布情况、浸润线埋深及其动态变化、水文地质参数等场地水文地质条件；

7　各尾矿堆积层的岩土工程参数及性能分析与评价；

8　尾矿堆积坝现状及其岩土工程问题分析和排渗加固处理建议；

9　排渗加固设计和施工所需的有关参数；

10　监测工作建议；

11　尾矿堆积坝排渗加固施工安全措施建议。

4.4.2　勘察报告应包括下列图、表：

1　勘探点主要数据一览表；

2　室内土工试验成果表；

3　勘探点平面布置图；

4　工程地质图；

5　工程地质剖面图；

6　工程地质柱状图；

7　原位测试成果图。

4.4.3　勘察报告可包括下列图表：

1　与工程相关的照片；

2　浸润线动态变化图表；

3　其他成果图表。

4.4.4　勘察报告应包括工程勘察任务书或技术要求。

4.4.5　勘察报告可包括下列附件：

1　工程任务委托书；

2　与工程相关的重要函电；

3　与工程相关的审查报告或会议纪要；

4　专门性试验报告、专题研究报告或监测报告；

5 其他必要的报告及资料。

5 设计

5.1 一般规定

5.1.1 设计基础资料应包括下列内容：

1 岩土下程勘察报告；

2 尾矿坝已有设计和施工资料；

3 尾矿坝运行及监测资料。

5.1.2 排渗加固设施实施后应满足降低坝体浸润线和尾矿坝稳定的要求。两个（组）排渗体间的中心部位浸润线降深应满足坝体内控制浸润线的要求。

5.1.3 排渗加固设施类型可按本规范附录B选用。

5.1.4 排渗加固方式应根据场地复杂程度、尾矿渗透性能、浸润线降深和范围要求、场地适用条件等因素，经过技术经济比较确定。

5.1.5 尾矿渗透变形判别可按现行国家标准《水利水电工程地质勘察规范》GB 50487的有关规定执行。

5.1.6 排渗加固设施中的管材应符合抗老化和耐腐蚀性的要求。

5.2 渗流计算与稳定性分析

5.2.1 设计时，应进行渗流计算和稳定性分析。

5.2.2 渗流计算应包括下列工况：

1 正常运行库水位和洪水位；

2 排渗加固措施设置前和设置后。

5.2.3 渗流计算宜考虑渗透系数的各向异性。

5.2.4 尾矿堆积坝中临界浸润线和控制浸润线应符合现行国家标准《尾矿设施设计规范》GB 50863的有关规定。

5.2.5 一级～三级尾矿坝和复杂场地渗流分析宜采用二维或三维有限元法等数值分析方法，四级、五级尾矿坝可根据排渗条件采用二维渗流计算方法。

5.2.6 渗流计算应为确定排渗加固措施设置后的浸润线或渗流等水头线提供依据，并应结合尾矿堆积坝稳定性分析结果提供排渗加固方案设计所需的下列内容：

1 排渗管的层数、位置、管径、长度、埋深、间距和个数；

2 管井的排数、位置、井径、井深、井间距和个数；

3 虹吸排渗的水源井排数、位置、井径、井深、井间距和个数；

4 垂直-水平排渗的水平排渗管层数、位置、长度、管径，垂直排渗体的截面积、深度、间距和个数；

5 辐射井的组数，集水井位置、井径、井深，排渗管方向、管径、长度、层数、根数。

5.2.7 稳定性分析应符合现行国家标准《尾矿设施设计规范》GB 50863的有关规定。

5.3 贴坡排渗

5.3.1 设计内容应包括反滤层和保护层。

5.3.2 反滤层可采用土工织物或粒状反滤料。

5.3.3 贴坡排渗设置应符合下列规定：

1 设置区域应大于渗流出逸范围；

2 保护层厚度应大于标准冻结深度；

3 贴坡坡脚应设置排水沟。

5.3.4 反滤层设计应符合下列规定：

1 被保护尾矿不得发生渗透变形；

2 渗透性应大于被保护尾矿。

5.3.5 采用土工织物作反滤层时，应符合现行国家标准《土工合成材料应用技术规范》GB 50290 的有关规定。

5.3.6 采用粒状反滤料作反滤层时，应符合下列规定：

1 反滤层每层的厚度应根据材料的级配、性质、施工方法等因素综合确定。反滤层的厚度不得少于 400mm。

2 被保护尾矿与反滤料的粒径应按下列公式验算：

$$D_{15}/d_{85} \leqslant 5 \tag{5.3.6-1}$$

$$D_{15}/d_{15} \geqslant 5 \tag{5.3.6-2}$$

式中：

D_{15} ——反滤料的粒径，小于该粒径的滤料重占总滤料重的 15%；

$d_{85}(d_{15})$ ——被保护尾矿的粒径，小于该粒径的尾矿重占总尾矿重的 85%（15%）。

3 当被保护尾矿为细粒尾矿，且其 d_{85} 为 0.01mm～0.03mm 时，可采用 D_{15} 小于或等于 0.5mm 的砂或砾质砂作为反滤料。

4 对于不均匀系数（C_u）较大的被保护尾矿，可取级配曲线中 C_u 不大于 5～8 细粒部分的 d_{85}、d_{15} 作为计算粒径。

5 对于不连续级配的尾矿，应取级配曲线平段 1mm～5mm 以下粒组的 d_{85}、d_{15} 作为计算粒径。

6 当第一层反滤料采用不均匀系数（C_u）大于 5～8 的砂砾石时，砾石（$d \geqslant 5$mm）含量应小于 60%，且应取其细粒（$d < 5$mm）部分的 D_{15} 作为计算粒径。

5.3.7 保护层材料宜采用砂石料，厚度不宜小于 300mm。

5.4 排渗管排渗

5.4.1 排渗管可分为水平排渗管和弧形排渗管。

5.4.2 设计内容应包括滤水管段和导水管段，滤水管段与导水管段的直径应相同。

5.4.3 排渗管宜选用抗压强度大于 0.8MPa 的聚乙烯（PE）管或聚氯乙烯（PVC）管。

5.4.4 排渗管的出水口处应设置集水导流设施。

Ⅰ 水平排渗管

5.4.5 水平排渗管宜垂直坝轴线在坝坡下游布置，可多层布设，并宜布设在尾矿粒径相对较大的层位。

5.4.6 层数、间距和长度应根据勘察资料、渗流计算和稳定性分析结果结合现场条件确定。

5.4.7 水平排渗管结构宜符合下列规定：

1 水平排渗管外径宜为 63mm～90mm，导水管长度宜为 5m～15m；

2 滤水管段的滤水孔宜梅花形布置，孔径宜为 ϕ6mm～ϕ12mm，开孔率宜为 8%～10%；

3 滤水管外包扎的土工布规格宜为 200g/m^2～400g/m^2。

5.4.8 水平排渗管应向下游方向倾斜设置，坡比宜为2%～4%。

Ⅱ 弧形排渗管

5.4.9 弧形排渗管应由直线段和曲线段组成。

5.4.10 间距、长度和埋深应根据勘察资料、渗流计算和稳定性结果结合现场条件确定。

5.4.11 弧形排渗管结构宜符合下列规定：

1 排渗管敷设长度不宜大于180m，人口直线段最小敷设长度宜大于30m，直线段坡比宜为1%～4%；

2 弧形排渗管的最大垂直埋置深度不宜大于20m；

3 曲线段最大弯曲率不宜大于每米0.8°；

4 排渗管宜选用异形聚乙烯（PE）槽孔式排渗管，直径宜为ϕ60mm～ϕ100mm。

5.4.12 当排渗管的入土点与出土点范围内浸润线高差超过30m时，宜采用多排敷设。

5.4.13 滤水管外包过滤网目数应根据过滤网等效孔径和尾矿颗粒级配的特性确定。

5.5 管井排渗

5.5.1 管井应由相同直径的井口管段、井壁管段、滤水管段、沉砂管段组成。

5.5.2 管井宜平行于坝轴方向成直线排列布置。

5.5.3 井口宜高于地面300mm以上，井口应用盖板封闭。井口周围应铺设碎石或浇筑混凝土，厚度不宜小于500mm。

5.5.4 管材应根据尾矿特性确定，可选用无砂混凝土管、钢管或塑料管。

5.5.5 管井的间距、井数、井径、井深应根据抽水试验或渗流和稳定性计算结果确定，并应符合下列规定：

1 井间距宜为10m～20m。

2 井径宜为200mm～500mm。

3 滤水管的直径应满足水泵的安装要求，滤水管外径应按式（5.5.5-1）验算：

$$D \geqslant Q/\pi l V_g n \tag{5.5.5-1}$$

式中：

D——管井滤水管的外径（m）；

Q——管井出水量（m^3/s）；

l——滤水管工作部分长度（m）；

n——滤水管进水表面有效孔隙率（%）；

V_g——允许入管流速（m/s），不得大于0.03m/s。

4 深度应按式（5.5.5-2）验算：

$$H_W \geqslant H_{W1} + H_{W2} + H_{W3} + H_{W4} + ir_0 \tag{5.5.5-2}$$

式中：

H_W——管井深度（m）；

H_{W1}——浸润线距离坝坡要求的设计埋深（m）；

H_{W2}——降水期间的浸润线变幅（m）；

H_{W3}——管井过滤器的工作长度（m）；

H_{W4}——沉砂管长度（m）；

i——水力梯度，在管井的分布范围内宜为1/12～1/10；

r_0——管井分布范围的等效半径或降水井间距的1/2（m）。

5 滤水管的有效长度不宜超过30m。

5.5.6 抽水水泵的型号应根据管井内径、估算出水量和扬程确定。

5.5.7 钢管或塑料管滤水段开孔率宜为15%～25%。

5.5.8 滤水管应设置在设计动水位以下含水层部位。

5.5.9 滤水管周围应充填砂砾石滤料，厚度宜为100mm～150mm。充填砂砾石滤料的规格可按式（5.5.9）计算，当尾矿含水层不均匀系数C_u大于10时，应逐步剔除筛分样中的粗颗粒，并应以满足C_u小于10时的颗粒级配曲线确定d_{50}：

$$D_{50}=(6\sim8)\ d_{50} \tag{5.5.9}$$

式中：

D_{50}——滤料的粒径，小于该粒径的滤料重占滤料总重的50%；

d_{50}——尾矿的粒径，小于该粒径的尾矿重占尾矿总重的50%。

5.5.10 沉砂管长度不宜小于1m。

5.5.11 管井出水量可按本规范附录C确定。

5.5.12 管井中最高水位和最低水位应设液位器控制。

5.6 垂直-水平联合排渗

5.6.1 垂直-水平联合排渗应包括垂直排渗体和水平排渗管。垂直排渗体和水平排渗管可采用直接连接或间接贯通，间接贯通部位宜置于渗透系数大于10^{-3}cm/s的尾矿层中。

5.6.2 垂直排渗体结构可选用管井、大直径砂砾井、小直径袋装砂砾井或塑料排水板。

5.6.3 垂直排渗体应设置在水平排渗管终端5m内，深度应进入水平排渗管端部以下2m。

5.6.4 管井设计应符合本规范第5.5节的有关规定。

5.6.5 大直径砂砾井可采用普通砂砾井和袋装砂砾井，其设计应符合下列规定：

1 井间距应与水平排渗管间距一致；

2 井径宜为600mm～800mm；

3 袋装砂砾井的制袋材料可采用300g/m²～500g/m²土工布；

4 普通砂砾井的砂砾料应符合本规范第5.5.9条的规定，袋装砂砾井的砂砾料粒径宜为2mm～40mm。

5.6.6 小直径袋装砂砾井设计宜符合下列规定：

1 宜平行坝轴方向呈直线状连续布置，对隔水层不连续地段可分段布置。

2 小直径袋装砂砾井分段布置时，分段连续长度宜符合下列规定：

1）当水平排渗管长度不大于50m时，分段连续长度不宜小于2.5m；

2）当水平排渗管长度大于50m时，分段连续长度可按下式计算：

$$b=2.5+0.05L \tag{5.6.6}$$

式中：

b——袋装砂砾井分段连续长度（m）；

L——水平排渗管长度（m）。

3 单井直径宜为150mm。

4 小直径袋装砂砾井的制袋材料可选择300g/m²～500g/m²的土工布，袋内充填滤料的粒径宜为2mm～5mm。

5.6.7 塑料排水板排渗设计宜符合下列规定：

1 塑料排水板宜为双排或多排组成，排距宜为200mm～400mm。

2 塑料排水板点距宜为塑料排水板当量换算直径的5倍～10倍，塑料排水板当量换算直径可按下式计算：

$$D_P = 2\ (b+\delta)\ /\pi \tag{5.6.7}$$

式中：

D_P——塑料排水板当量换算直径（mm）；

b——塑料排水板宽度（mm）；

δ——塑料排水板厚度（mm）。

3 塑料排水板型号可按表5.6.7选用。槽沟型板芯宜选用聚丙烯或聚乙烯材料，滤膜材料宜选用耐腐蚀的涤纶衬布。

表5.6.7 常用塑料排水板型号及性能指标

项目		单位	A型	B性	C型	条件
纵向通水量		cm^3/s	≥15	≥25	≥40	侧压力350kPa
滤膜渗透系数		cm/s	$\geq 5\times 10^{-4}$			试件在水中浸泡24h
滤膜等效孔径		μm	<75			以O_{98}计
复合体抗拉强度（干态）		kN/10cm	≥1.0	≥1.3	≥1.5	延伸率10%时
滤膜抗拉强度	纵向干态	N/cm	≥15	≥25	≥30	延伸率10%时
	横向干态		≥10	≥20	≥35	延伸率15%时，试件在水中浸泡24h

注：A型排水板适用于打设深度小于15m，B型排水板适用于打设深度小于25m，C型排水板适用于打设深度小于35m。

5.6.8 水平排渗管设计应符合本规范第5.4节的规定。

5.7 虹吸排渗

5.7.1 虹吸排渗应由井室、水源井、虹吸管和水封池组成。

5.7.2 水源井宜成排平行于尾矿堆积坝轴线布设，排数、井数和间距宜经渗流计算确定。

5.7.3 严寒和寒冷地区，虹吸管、水封池、水源井应采取防冻措施。

5.7.4 水源井宜为管井，管井设计应符合本规范第5.5节的有关规定。

5.7.5 水源井结构应符合下列规定：

1 底座宜采用混凝土结构，厚度宜为400mm～500mm，混凝土强度等级不宜低于C25；

2 井深不宜大于15m，井管材料宜采用无砂混凝土管，管径宜为200mm～300mm，壁厚宜为50mm～100mm；

3 反滤层材料可采用土工布、过滤网和中、粗砂。土工布的规格应符合现行国家标准《土工合成材料应用技术规范》GB 50290的有关规定，过滤网的规格应符合现行国家标准《管井技术规范》GB 50296的有关规定；

4 井室直径宜为1200mm～1500mm，井室高不得低于2500mm，埋入尾矿坝面以下不宜小于2000mm。井室应采用砖石砌体或钢筋混凝土结构。

5.7.6 虹吸管设计应符合下列规定：

1　虹吸管的管径应根据虹吸井的单井出水量按下式计算：

$$D=(4Q/\pi v)^{0.5} \tag{5.7.6-1}$$

式中：

D——虹吸管的管径（m）；

Q——虹吸井单井出水量（m^3/s），可按本规范附录C估算；

v——虹吸管的允许流速，可取0.5m/s～0.7m/s。

2　管中水头损失可按下式计算：

$$h=1.2(\sum h_f+\sum h_j) \tag{5.7.6-2}$$

式中：

h——虹吸管的管中水头损失（m）；

h_f——虹吸管的沿程水头损失（m）；

h_j——虹吸管的局部水头损失（m）。

3　虹吸管的允许真空高度宜为6m～7m，有效真空高度按下式计算。

$$h_y=h_r-h \tag{5.7.6-3}$$

式中：

h_y——有效真空高度（m）；

h_r——允许真空高度（m）；

h——虹吸管的管中水头损失（m）。

4　虹吸管进口端宜设置在水源井内最低水位以下1.0m～1.5m，当虹吸管进口端直接与水源井管连接时，过滤器淹没于最低动水位以下的深度宜为0.5m～1.0m。

5　虹吸管出口端深入水封池内水下深度宜为0.5m～1.0m。

6　虹吸管的直径和数量应根据抽水试验结果复核，抽水试验井的数量宜为水源井总数的25%，且不宜少于5口井。

7　虹吸管材料宜采用聚乙烯（PE）管，且应通长设置。

5.7.7　水封池结构应符合下列规定：

1　水封池宜为长方形，长度应根据接入虹吸管的数量确定，宽度不宜小于1500mm，高度宜为1000mm～1500mm，严寒和寒冷地区水封井应置于冻土层以下，或采取保温防冻措施。

2　水封池结构材料应采用钢筋混凝土结构，混凝土强度等级不应低于C25。

3　溢水管材料可采用聚氯乙烯（PVC）管或钢管，管径应根据排水量确定，排水量按下式计算：

$$Q_p=\beta\sum Q_i \tag{5.7.7}$$

式中：

Q_p——排水量（m^3/s）；

β——系数，取1.5～2.0；

Q_i——单根虹吸管的渗流量（m^3/s）。

4　溢水管出口应接入坝面排水沟或坝下水封池。

5　水封池内水位应低于水源井水位，二者高差不得小于1.5m。

5.8　辐射井排渗

5.8.1　辐射井应由集水井、排渗管和导水管构成。

5.8.2 集水井的井位可选择在堆积坝坝坡或沉积滩上。

5.8.3 集水井的井数、井距、井深和井径应根据堆积坝轴线长度、排渗降水范围、水平排渗管的长度等因素，通过渗流和稳定性计算确定。

5.8.4 集水井结构应符合下列规定：

1 集水井宜采用圆形，集水井直径不宜小于3m；

2 井口距地面的高度不应小于300mm；

3 井深不宜小于15m，井距不宜小于100m；

4 井口应设井盖和检修口，井内壁应设人行爬梯；

5 井筒宜采用钢筋混凝土结构，刃脚部位混凝土强度等级不得低于C25，井身混凝土和水下封底混凝土强度等级不得低于C20；

6 井筒结构计算应符合现行行业标准《水工混凝土结构设计规范》SL 191的有关规定，荷载尚应包括水平排渗管施工时作用在井壁上的顶力；

7 井筒内受力钢筋的混凝土保护层厚度不应小于35mm；

8 井筒下沉计算应符合现行国家标准《给水排水工程构筑物结构设计规范》GB 50069的有关规定；

9 当尾矿坝内地下水对混凝土结构和钢筋具有腐蚀性时，应采取防腐措施；

10 井口盖板宜采用预制钢筋混凝土板或钢板。

5.8.5 排渗管设计应符合下列规定：

1 应以集水井为中心在含水尾矿层内呈辐射状布置，且应以上游方向为主。排渗管均应向集水井筒内倾斜，坡比宜为2%～4%。

2 排渗管数量宜经渗流计算确定，可设置为单层或多层，每层宜采用5根～9根。并宜布设在尾矿粒径相对较大的层位。

3 底层排渗管距集水井底板顶面的高度不应小于1.0m。

4 排渗管长度应根据尾矿含水层的厚度、渗透特性、降深要求等条件确定，宜为30m～100m。

5 排渗管的结构应符合本规范第5.4.7条的规定。

6 辐射井的出水量可按本规范附录C确定。

5.8.6 导水管设计应符合下列规定：

1 导水管进水口距集水井底板顶面的高度不应小于700mm。

2 导水管应为自流式排水，坡比宜为2%～4%。

3 导水管的排水能力应大于全部排渗管的流量，导水管管径应根据出水量计算确定，管径宜为90mm～130mm。当单根导水管排水能力不足时，可增加导水管数量。

4 导水管长度宜为50m～130m。当导水管长度大于90m时，可在堆积坝中设中继井，中继井应符合集水井结构要求。

6 施工

6.1 一般规定

6.1.1 施工前应进行现场踏勘，收集资料，依据设计文件编制施工组织设计。

6.1.2 施工前应具备下列资料：

1 岩土工程勘察报告；

2 施工图设计文件及图纸会审纪要；

3 施工场地和邻近区域内地下设施和障碍物的调查资料；

4 环保防渗设施；

5 施工组织设计；

6 主要施工机具及配套设备的技术性能资料；

7 主要原材料及其制品的质检报告；

8 测量放线资料。

6.1.3 施工组织设计应包括下列内容：

1 工程概况；

2 设计要求；

3 施工技术方案；

4 施工组织方案；

5 施工进度计划；

6 施工平面布置；

7 质量管理措施；

8 职业健康和安全生产管理措施；

9 文明施工和环境保护措施。

6.1.4 施工工艺应根据设计要求、排渗加固场地复杂程度和现场条件确定。

6.1.5 施工材料及制品应符合设计要求和产品规格标准。

6.1.6 施工机具和配套设备应根据施工工艺、排渗加固方法、设计要求、场地条件、尾矿性质和地下障碍物特性综合确定，并应符合下列规定：

1 施工机具、配套设备和辅助系统应经调试和安全性检验；

2 所有设备和装置在施工过程中应定期检查、维修和保养。

6.1.7 当需要设计变更时，施工前应取得设计单位相应变更设计文件。

6.1.8 施工过程中应填写原始记录、监测记录、验收记录、隐蔽工程记录和质量检查记录。

6.1.9 采用施工新技术和新工艺应经过技术认证或鉴定。

6.1.10 排渗设施成孔施工不宜采用泥浆护壁。

6.1.11 当室外日平均气温连续5天稳定低于5℃时．施工时应采取防冻措施。

6.2 贴坡排渗

6.2.1 铺设范围、厚度应满足设计要求，外表宜平整。

6.2.2 粒状反滤料施工铺设应符合下列规定：

1 反滤料的性质、级配、不均匀系数、含泥量及其铺筑位置和有效范围均应符合设计要求；

2 反滤料加工生产过程中应随机抽查检测，经验收合格后使用；

3 反滤料铺筑过程中，应保持湿润，不得混入杂物；

4 反滤层施工时应分层夯实；

5 对已施工合格的反滤层应做好防护；

6 反滤层应层次清楚，不宜设置纵缝，不得发生层间错位和中断。

6.2.3 用土工织物作反滤层时，搭接方式宜采用缝接，施工铺设应符合现行国家标准《土工合成材料应用技术规范》GB 50290 的有关规定。

6.2.4 保护层可采用机械或人工选石堆砌、整坡，宜与底部反滤层填筑同步进行，施工过程中不得损坏反滤层。

6.3 排渗管排渗

6.3.1 设备安装应符合下列规定：

1 安装前应构筑反力墩，反力墩的设置应根据施工设备的几何尺寸和钻进最大阻力值综合确定；

2 应根据排渗管轴线位置采用仪器定位，施工设备应根据设计孔位和轴线方向进行安装和调试。

6.3.2 施工孔径宜大于排渗管外径 45mm～80mm。

6.3.3 导水管应采用管外封孔处理。

6.4.4 排渗管出水含砂量体积比不得大于 1/100000。

Ⅰ 水平排渗管

6.3.5 工作坑的尺寸应根据施工设备机具型号、单根套管长度、开孔处埋深等因素确定。施工完毕后，应回填工作坑和恢复坝面。

6.3.6 水平排渗管施工工艺宜采用排渣顶管钻进或跟管钻进。

6.3.7 排渣顶管钻进应符合下列规定：

1 施工最大顶力应大于顶进阻力；

2 首节管宜慢速顶进，顶进方位应采用测斜仪检查；

3 顶进过程中遇障碍物时，宜采用筒形旋转钻头穿越；

4 顶进时宜从下方向上方顶进，并应及时清除管内渣土；

5 顶至设计深度后，应采用封砂器封堵套管端部和清除管内全部渣土。

6.3.8 跟管钻进应符合下列规定：

1 跟管套管应采用无缝钢管，套管外径可按表 6.3.8 选择。

表 6.3.8 套管外径与施工孔径和设计排渗管外径对应关系（mm）

套管外径	108	127	146	168
施工孔径	110	130	150	170
设计排渗管外径	50～63	63～75	75～90	90～110

2 套管宜采用丝扣连接，连接处不得漏水。

3 钻进至设计深度后，应封堵套管端部和清除管内残余渣土。

6.3.9 排渗管安装长度应与套管长度一致，安装过程中不得损伤滤水管装置。

6.3.10 排渗管完成安装后，套管拔出宜连续作业。

6.3.11 水平排渗管施工允许偏差应符合表 6.3.11 的规定。

表 6.3.11　水平排渗管施工允许偏差

项　　目	允许偏差	检验方法
孔口位置	±500mm	仪器测量
方位角	±1°	仪器测量
倾角	±1°	水平仪量测
长度	+1000m，−300mm	钢尺量测
滤水管开孔率	±10%	钢尺量测

Ⅱ　弧形排渗管

6.3.12　弧形排渗管应采用定向钻进工艺施工，并应采用导向定位系统控制钻进轨迹。

6.3.13　定向钻机的回转扭矩和回拉力应根据终孔孔径、曲线段最大弯曲率、排渗管长度，结合勘察资料确定。

6.3.14　导向孔钻进应符合下列规定：

1　钻机应先进行试运转，确定各部分运转正常后正式钻进；

2　钻孔时应匀速钻进，并应控制钻进给进力和钻进方向；

3　钻进时应跟踪探测，并应及时纠偏；

4　钻进过程中应绘制钻孔轨迹平面图、剖面图。

6.3.15　套管选用应符合下列规定：

1　应采用无缝钢管；

2　管材力学性能应满足轴向最大回拉力和曲线段最大弯曲变形的要求。

6.3.16　套管设置施工应符合下列规定：

1　应从出土点向入土点方向回拉；

2　回拉过程中宜设滚筒架；

3　回拉过程应连续作业，直线段与曲线段节点处可暂停回拉，暂停时间应根据尾矿特性确定。

6.3.17　排渗管设置应符合下列规定：

1　排渗管接头应采用热熔连接；

2　排渗管应安放在套管内，并宜采用回拉法设置在孔内；

3　排渗管应在出土点一侧沿套管轴线方向组拼连接，并应在套管内向入土点方向设置。

6.3.18　在浸润线实际水力梯度大于临界水力梯度地段应采取减压措施。

6.3.19　弧形排渗管施工允许偏差应符合表 6.3.19 的规定。

表 6.3.19　弧形排港管施工允许偏差

项目	允许偏差	检验方法
入土点位置	±100mm	仪器测量
方位角	±3°	仪器测量
出土点位置	±2*L*%mm	仪器测量
长度	+2000mm，−500m	钢尺量测
滤水管开孔率	±10%	钢尺量测、计算

注：表中 *L* 为设计排渗管长度。

6.4 管井排渗

6.4.1 管井可采用冲击、回转正（反）循环钻进工艺成孔，也可采用水冲法成孔。

6.4.2 采用冲击、回转钻进成孔工艺时，应符合现行行业标准《供水水文地质钻探与管井施工操作规程》CJJ/T 13 的有关规定。

6.4.3 采用水冲法成孔时，成孔深度不宜大于 30m，送水水量、水压及时间等参数应由现场试验确定。

6.4.4 安装井管前应校核孔径、孔深和孔斜，孔径不得小于设计井径。

6.4.5 井管外观应符合下列规定：

1 井管应无残缺、断裂和弯曲等缺陷；

2 井管的上、下口平面应垂直于井管轴线。

6.4.6 井管的安装应符合下列规定：

1 下管方法应根据管材强度和起重设备能力选定，可选用悬吊下管法和托盘下管法；

2 井管应对正接直，封闭严密，连接强度应满足下管安全和成井质量的要求；

3 对于充填滤料的管井，应设置扶正器；

4 管井底部应采取封堵措施。

6.4.7 充填滤料应按设计要求筛选，滤料充填应连续均衡，并应测量填筑高度和校核用量，所填滤料应留样备查。

6.4.8 管井施工允许偏差应符合表 6.4.8 的规定。

表 6.4.8 管井施工允许偏差

项目	允许偏差	检验方法
过滤管段下置深度	±300mm	钢尺量测
管井中心垂直度	±1°	仪器测量
井位	±d/2mm	仪器测量
井深	＋500mm，－100mm	钢尺量测
井径	±20mm	钢尺量测
钢管或塑料管滤水段开孔率	±10%	钢尺量测、计算

注：d 为管井直径。

6.4.9 洗井应符合下列规定：

1 滤料充填后应及时洗井，并应补充滤料；

2 洗井方式可采用抽水和注水交替洗井或空压机送风洗井。

6.4.10 水泵进水口应安置在沉淀管顶部与控制浸润线之间。

6.4.11 试验抽水应符合下列规定：

1 宜采用非稳定流抽水；

2 抽水量和水位降深不得小于设计值；

3 应同步观测出水量和水位降深，前 3 次观测时间间隔应分别为 5min、10min、20min，其后应每隔 30min 测一次；

4 抽水延续时间应大于 24h；

5 试验抽水结束前，应采用容积法测定出水含砂量。

6.4.12 井底沉淀物厚度不得大于井深的5%。

6.5 垂直-水平联合排渗

6.5.1 水平排渗管的施工应符合本规范第6.3节的有关规定。

6.5.2 垂直排渗体平面位置应采用测量仪器进行定位。

6.5.3 垂直排渗体与水平排渗管的直接连接或间接贯通效果应进行送水检验。

6.5.4 管井施工应符合本规范第6.4节的规定。

6.5.5 大直径砂砾井施工应符合下列规定：

1 成井工艺应符合本规范第6.4节的有关规定；

2 可在井中直接填充砂砾料或投放袋装砂砾料；

3 充填砂砾料应进行清洗，含泥量不得大于3%；

4 袋装砂砾井采用土工布制袋时，缝合处应连续、平直、严实。

6.5.6 小直径袋装砂砾井施工应符合下列规定：

1 小直径袋装砂砾井成孔可采用沉管法、水冲法或螺旋钻进法；

2 当采用水冲法成孔时，应根据尾矿性质并通过试验确定冲孔水压和冲水时间；

3 当采用沉管法成孔时，对于相切排列的小直径袋装砂砾井应采用多套套管依次施工；

4 在小直径袋装砂砾井实施过程中，应标识并记录与水平排渗管贯通的砂砾井；

5 管口及其内壁应平直光滑，并应在套管管口设置滚轮向管内投放砂砾袋，投放过程中不得损伤砂砾袋；

6 起拔套管过程中，砂砾袋回带长度不得超过200mm。

6.5.7 大直径砂砾井和小直径袋装砂砾井施工允许偏差应符合表6.5.7的规定。

表6.5.7 砂砾井施工允许偏差

检查项目	允许偏差	检验方法
垂直度	±1.5°	仪器测量
井位	±d/2mm	仪器测量
井深	+500mm，−100mm	钢尺量测
井径	±20mm	钢尺量测

注：d为砂砾井直径。

6.5.8 塑料排水板的施工机具宜采用液压式插板机。

6.5.9 塑料排水板施工应符合下列规定：

1 施工过程中，不得损坏滤膜和扭曲塑料排水板；

2 塑料排水板回带超过500mm或断板时，应在相应位置补充设置；

3 塑料排水板需要接长时，应在滤膜内平搭接，搭接长度应大于200mm；

4 当采用套管插入时，塑料排水板与孔壁的间隙应采用粗砂充填。

6.5.10 塑料排水板质量应符合现行行业标准《水运工程质量检验标准》JTS 257的有关规定。

6.5.11 塑料排水板施工允许偏差应符合表6.5.11的规定。

表 6.5.11 塑料排水板施工允许偏差

检查项目	允许偏差	检验方法
平面位置	±100mm	仪器测量、钢尺量测
板底深度	+500mm，−100mm	钢尺量测
垂直度	±1.5°	仪器测量

6.6 虹吸排渗

6.6.1 水源井采用管井时，施工应符合本规范第 6.4 节的有关规定。

6.6.2 井室施工应符合国家现行标准《砌体结构工程施工质量验收规范》GB 50203 和《水工混凝土施工规范》DL/T 5144 的有关规定。

6.6.3 虹吸管施工应符合下列规定：

1 虹吸管连接不得变径；

2 铺设前应对虹吸管进行逐一检查；

3 水封池可对应多个水源井，多个水源井的虹吸管可铺设在同一沟槽内同时穿入水封池。

6.6.4 水源井反滤层采用土工织物时，土工织物施工应符合现行国家标准《土工合成材料应用技术规范》GB 50290 的有关规定。

6.6.5 水源井反滤层采用过滤网和中、粗砂时，施工应符合现行国家标准《管井技术规范》GB 50296 的有关规定。

6.6.6 水源井施工允许偏差应符合本规范第 6.4.8 条的规定。

6.6.7 水封池施工应符合现行行业标准《水工混凝土施工规范》DL/T 5144 的有关规定。

6.7 辐射井排渗

6.7.1 辐射井施工应包括集水井、排渗管和导水管。

6.7.2 集水井施工应符合下列规定：

1 集水井宜采用沉井施工工艺，并应根据工程地质和水文地质条件，选用排水下沉或不排水下沉施工方法。

2 集水井制作应符合国家现行标准《混凝土结构工程施工质量验收规范》GB 50204 和《水工混凝土施工规范》DL/T 5144 的有关规宦。

3 挖土施工应符合下列规定：

1）排水下沉施工可采用人工挖土或机械抓斗挖土，不排水下沉施工可采用机械抓斗挖土、水冲和水力吸土；

2）宜由井筒中心向刃脚方向对称、均匀、分层开挖，每层挖土厚度不得大于 0.5m。

4 井筒下沉测量控制应符合下列规定：

1）在井筒外围地面的轴线位置应预设测量基准点；

2）各节下沉前后，均应测量刃脚踏面的标高、井内底面标高、下沉量、垂直度；

3）井筒下沉过程中，每 8h 测量井筒标高和轴线位移量不得少于 1 次。终沉时，应每 1h 测量 1 次。

5 当井筒下沉受阻时，应采用助沉措施。

6 井筒下沉过程中，应控制井筒下沉的均匀性。当井筒出现倾斜时，应及时进行纠偏。

7 集水井封底应符合下列规定：

1）当采用排水封底时，井底不得发生管涌、流砂、流土等现象，当井底存在尾矿渗透变形或破坏时，应采用水下封底；

2）井筒下沉到设计标高后，封底前 8h 内井筒累计沉降量不得大于 10mm；

3）采用排水封底时，混凝土强度等级未达到设计强度 70％不得停止排水。采用水下封底时，混凝土强度未达到设计强度 70％不得将井内储水抽除。

6.7.3 井壁的排水孔及导水孔宜采用钻具开孔法。

6.7.4 排渗管施工除应符合本规范第 6.3 节的有关规定外，尚应符合下列规定：

1 对于多层排渗管，应设置相应的施工作业平台；

2 排渗管的出水口管壁周围应封口保护，可采用沥青麻丝、土工织物或混凝土封堵。

6.7.5 导水管施工应符合下列规定：

1 应根据导水管管轴线位置采用仪器定位，施工设备应根据设计孔位和轴线方向进行安装和调试；

2 导水管成孔宜采用跟管钻进；

3 导水管的进水口和出水水口管壁周围应封口保护，进水口处可采用沥青麻丝、土工织物或混凝土封堵，出水口处可采用混凝土或黏性土封填。

6.7.6 辐射井施工的允许偏差应符合表 6.7.6 的规定。

表 6.7.6 辐射井施工的允许偏差

项目		允许偏差	检验方法
集水井	井筒中心垂直度	±3°	仪器测量
	井筒直径	±100mm	钢尺量测
	井壁厚度	±10mm	钢尺量测
	井深	＋500mm，－200mm	仪器测量或钢尺量测
排渗管	出水口位置	±200mm	仪器测量
	方位角	±1°	仪器测量
	长度	＋1000mm，－300mm	钢尺量测
	倾角	±1°	水平仪量测
	开孔率	±10％	钢尺量测、计算
导水管	进水口位置	±200mm	仪器测量
	倾角	±1°	水平仪量测

7 检验、监测与验收

7.1 一般规定

7.1.1 排渗加固施工应符合施工图设计要求。

7.1.2 原材料、成品、半成品检验应包括质量合格证和现场抽检。

7.1.3 检验数量和方法除应符合本规范第 6 章的有关规定外，尚应符合现行国家标准《混凝土结构工程施工质量验收规范》GB 50204 的有关规定。

7.1.4 应根据排渗加固设施类型和监测内容，制订相应的监测方案。

7.2 检验

7.2.1 贴坡排渗施工检验应包括下列内容：

1 反滤料和保护层原材料的质量；

2 反滤料的颗粒级配、不均匀系数、含泥量；

3 反滤层分层厚度；

4 保护层厚度；

5 铺设范围、土工织物搭接。

7.2.2 水平排渗管施工检验应包括下列内容：

1 管材、土工织物等原材料质量；

2 管径、滤水管开孔率；

3 水平排渗管出口位置、方位角、倾角、长度；

4 出水量及出水含砂量。

7.2.3 弧形排渗管施工检验应包括下列内容：

1 管材和滤网等原材料质量；

2 排渗管的直径、槽宽、滤孔直径与间距；

3 排渗管入土点和出土点位置、排渗管长度；

4 出水量及出水含砂量。

7.2.4 管井施工检验应包括下列内容：

1 砂、石、水泥、钢材、管材等原材料质量；

2 混凝土配合比、坍落度、强度；

3 管井的中心位置、井深、井径、垂直度、井的结构；

4 滤料的规格；

5 无砂混凝土滤水管透水性；

6 钢管或塑料管滤水段的开孔率；

7 试验抽水的出水量和降深；

8 洗井后井底沉淀物厚度、出水含砂量。

7.2.5 垂直-水平联合排渗施工检验应包括下列内容：

1 水平排渗管施工检验；

2 管井施工检验；

3 砂砾井的垂直度、井位、井深、井径及充填砂砾料质量；

4 袋装砂砾井的制袋材料质量；

5 塑料排水板材料质量、平面位置、板底深度、垂直度；

6 垂直排渗体与水平排渗管的连接或贯通效果；

7 出水量和出水含砂量。

7.2.6 虹吸排渗施工检验内容应符合本规范第 7.2.4 条的有关规定，并应检验虹吸管管材、反滤层、土工织物等原材料质量。

7.2.7 辐射井施工检验应包括下列内容：

1 砂、石、水泥、钢材、管材等原材料质量；

2 混凝土配合比、坍落度、强度；

3 钢筋的焊接质量、主筋和箍筋的制作偏差；

4 集水井的井筒中心垂直度、井筒直径、井壁厚度、井深；

5 排渗管的开孔位置、方位角、长度、倾角、开孔率；

6 导水管的进出口位置、倾角；

7 出水量和出水含砂量。

7.2.8 监测设施施工检验应包括下列内容：

1 监测设施的原材料质量；

2 浸润线观测精度；

3 流量监测精度。

7.3 监测

7.3.1 排渗加固施工期间应进行监测。

7.3.2 监测应在利用已有监测设施的基础上进行。当已有监测设施不满足要求时，应增设监测设施。

7.3.3 监测内容应包括浸润线和出水量监测。在辐射井排渗施工期间，应进行坝体变形监测。

7.3.4 监测过程中应定期整理监测数据，分析其动态变化规律，并应预测其发展趋势。当发现异常现象时，应报告业主单位，并应采取应急处理措施。

Ⅰ 浸润线监测

7.3.5 增设监测设施时，浸润线监测应符合下列规定：

1 监测线应根据排渗加固设施数量及其影响范围确定，不得少于2条。监测线应按穿过排渗加固设施中心区域且垂直坝轴线布置。对于多组排渗设施，应在相邻两组排渗设施中间设置观测孔。

2 监测线上观测孔间距宜为20m～40m，且不得少于3个。

3 监测线上观测孔应深入排渗加固后渗流计算浸润线和控制浸润线3m以下。

7.3.6 浸润线观测孔施工应符合下列规定：

1 观测孔应采用清水钻进；

2 观测管内径不得小于50mm，沉淀管长度不得小于1m，管底应封闭；

3 浸润线以下的观测管应为滤水管，滤水管的孔隙率不宜小于3%，管外宜包扎$200g/m^2$～$300g/m^2$土工布；

4 观测管管口应加盖并固定。

7.3.7 浸润线观测可采用电测水位计或自动水位测量仪，每日观测不应少于1次，测量精度误差不得大于20mm。

Ⅱ 出水量监测

7.3.8 出水量监测点应设置在单个排渗设施的出水口或多个排渗设施的汇流处，每日量测不应少于一次。

7.3.9 出水量监测方法可按表7.3.9选用。

表 7.3.9 出水量监测方法的适用条件和精度要求

监测方法		适用条件（L/s）	精度要求
容积法		≤1	连续两次出水量测值平均值误差≤5%
量水堰法	三角堰	1～70	水尺刻度分辨率 1mm 测针刻度分辨率 0.1mm
	梯形堰	10～300	
	矩形堰	>50	
测流速法		≥300	连续两次出水量测值平均值误差≤10%

注：采用测流速法时，测速沟槽直线段长度不应小于 15m，且坡度一致。

7.4 验收

7.4.1 验收程序和组织应符合现行国家标准《建筑工程施工质量验收统一标准》GB 50300 的有关规定。

7.4.2 尾矿堆积坝排渗加固工程验收应包括隐蔽工程验收和竣工验收。

7.4.3 竣工报告应包括下列内容：

1 开工和竣工报告单；

2 施工组织设计和专项方案；

3 排渗加固施工报告和设施使用及维护说明；

4 原材料、成品、半成品质量合格证；

5 原材料和试件检验报告、试验报告和质量评定记录；

6 隐蔽工程验收记录；

7 工程测量定位记录，图纸会审记录、设计变更或洽商记录；

8 浸润线、出水量和水质等监测资料；

9 竣工图。

7.4.4 竣工验收应在隐蔽工程验收合格的基础上，根据浸润线、出水量及其含砂量等监测资料评价排渗加固效果后进行验收。

8 安全与环保

8.0.1 施工组织设计应包括安全生产管理措施与环境保护措施、特殊气象条件下的施工安全措施。

8.0.2 对于重大危险源和重要环境因素，施工单位应制订安全生产与环境保护专项预案。

8.0.3 在尾矿堆积坝排渗加固工程勘察和施工过程中，不得对堆积坝体产生破坏性影响和损害已有的环保防渗设施。

8.0.4 现场作业人员和设备对含有害物质的尾矿、水、气应采取防护措施。

8.0.5 临时用电线路架设和拆除应符合现行行业标准《施工现场临时用电安全技术规范》JGJ 46 的有关规定。

8.0.6 施工开挖的废渣应按照指定的地点进行堆放并处理，排出的尾矿水应集中回收利用或处理，不得随意排放。

8.0.7 勘察安全措施应符合现行国家标准《岩土工程勘察安全规范》GB 50585 的有关规定。除长期观测钻孔外，所有钻孔和探井完工后进行的回填封堵应符合现行国家标准《尾矿堆积坝岩土工程技术规范》GB 50547 的有关规定。

8.0.8 排渗加固施工过程中应采取控制管涌、流砂、流土发生的措施。

8.0.9 辐射井的集水井施工时．安全生产应符合下列规定：

1 井口应设置围护栏、盖板等安全防护设施，每班应对防护设施检查，非作业人员不得入内；

2 在距井口 5m 范围内不得堆放弃土；

3 起吊设备应安全可靠，钢丝绳检验、更换和报废应符合现行国家标准《起重机 钢丝绳 保养、维护、安装、检验和报废》GB/T 5972 的有关规定；

4 应配置向井内作业面送风设备，风量不得少于 25L/s；

5 井内应设置低压防水照明装置，作业人员应佩戴劳动防护用品；

6 暴雨期间不得进行辐射井沉井施工。

8.0.10 现场机械设备的安全防护和保养应符合现行行业标准《建筑机械使用安全技术规程》JGJ 33 的有关规定。

8.0.11 施工完成后，应对工作坑、排渗管和导水管进出口管壁周围进行封堵、回填处理。

附 录 A
尾矿渗透变形室内试验要点

A.0.1 渗透变形试验仪应由渗流容器、渗流容器的垂直与水平支座、水头升降装置、水头及流量测量等装置构成。当需要测定某一应力状态下临界水力梯度与破坏梯度时，试验仪应具备相应的加载功能。水头可采用测压管测读或压力传感器测量，流量可采用量筒测读。渗流容器内径可取 100mm、试样高度可取 200mm。上、下透水板孔径宜为 3mm 或 5mm。

A.0.2 水头、流量及压力等计量器具应进行检定与校验，并应符合现行国家标准《岩土工程仪器基本参数及通用技术条件》GB/T 15406 的有关规定。试验装置在工程要求的最大水头作用下，各密封处不得漏水。

A.0.3 扰动试样制备应符合下列规定：

1 尾矿扰动试样应风干或 70℃左右烘干，并应碾散拌和均匀；

2 应选取代表性试样进行颗粒分析试验，并应按控制干密度称取试样；

3 在试样中可加入试样总质量 1%～2%的蒸馏水，拌和均匀后应分层装填制备试样。

A.0.4 原状试样采取与制备应符合下列规定：

1 应采用侧面开孔环刀采取试样，采样时应保持环刀垂直或水平完全压入尾矿中，试样与环刀内壁不得存在间隙。取出环刀和削平两端余样后，应在两端加盖并采用胶带密封。

2 对密封的环刀试样应进行竖向减振包装，在运输过程中应保持试样呈竖直放置。

A.0.5 试样安置渗流容器后，对试样饱和可按下列规定执行：

1 对砂性尾矿和粉性尾砂可采用 70℃～90℃的自来水进行饱和；

2 对黏性尾矿可在装样前进行真空抽气饱和。

A.0.6 渗透变形试验应按照工程测试要求，对垂直或水平渗流容器施加相应的轴向或侧向压力。施加侧向压力时不得使用环刀。砂性尾矿可采用高于室内气温 5℃～10℃的自来水进行测定，粉性尾矿和黏性尾矿宜采用脱气蒸馏水测定。

A.0.7 测定流土破坏型的临界水力梯度与破坏水力梯度时，宜在垂直向上渗流状态下测定。

A.0.8 试验过程中，应对试样分级施加渗流水头直至破坏，初始渗透梯度宜为 0.02～0.04，后续渗透梯度递增值依次宜为 0.05、0.10、0.15、0.20、0.30、0.40、0.50、0.70、1.00、1.50、2.00……当接近临界水力梯度或破坏水力梯度时，渗透梯度递增值可减小。

A.0.9 试验过程中，应观察并记录水温、浑浊程度、冒泡、颗粒跳动、移动或被水流带出、土体悬浮、渗流量及测压管水位的变化等情况，并应根据观测的水头差、渗流量分别计算流速和水力梯度。

A.0.10 试验成果整理过程中，应在双对数图上以水力梯度 i 为纵坐标、流速 v 为横坐标，绘制水力梯度与流速关系（$\lg i \sim \lg v$）曲线。

A.0.11 对管涌破坏型尾矿，当 $\lg i \sim \lg v$ 曲线的斜率出现变化且开始产生颗粒跳动或被水流带出时，应取该级与其前一级的水力梯度平均值为临界水力梯度。当测压管水位差停止增加且流量急骤增大时，可取该级的前一级水力梯度为破坏水力梯度。

A.0.12 对流土破坏型尾矿，应取 $\lg i \sim \lg v$ 曲线拐点的水力梯度为临界梯度，可取测压管水位差停止增加且土体悬浮时的前一级水力梯度为破坏水力梯度。

附 录 B 尾矿堆积坝排渗加固设施类型及其适用条件

表 B 尾矿堆积坝排渗加固设施类型及其适用条件

排渗加固设施类型	适用条件
贴坡排渗	在尾矿堆积坝坡面上设置反滤层进行滤土排水，防治渗流出逸处尾矿遭受渗透变形和破坏以及坡面冲刷破坏。 适用于对尾矿堆积坝坡渗流出逸段进行防护，不能有效地降低坝体内浸润线
排渗管排渗	通过尾矿堆积坝体内设置前段为滤水管和后段为导水管的排渗管，汇集坝体内渗流水并将其导出坝外。 单层水平排渗管（直线式）适用于坝高小于或等于 30m 的简单场地，多层水平排渗管（直线式）可用于中等和复杂场地以及坝高大于 30m 的简单场地。 弧形排渗管（非直线式）用于各类复杂程度场地，可降排分布不均匀的多层渗流水。单管对浸润线的降深幅度和范围相对较小，施工设备对作业面要求较高
管井排渗	在尾矿堆积坝体内设置垂直管井至浸润线以下．用管井内设置的抽水泵抽排渗流水。 适用于尾矿堆积坝中渗透系数较大的尾细砂和尾中砂等砂性尾矿（一般 $K \geqslant 6\times10^{-3}$ cm/s）和不具备设置自流排渗设施的地段
垂直-水平联合排渗	在尾矿堆积坝体内设置垂直排渗体和集水设施（管井、大直径砂砾井、小直径袋装砂砾井或塑料排水板等），通过与其下部连接或贯通的水平排渗管，将汇集的地下水导出坝外。 适用于各类复杂程度场地，可降排分布不均匀的多层渗流水，浸润线的降深幅度较大
虹吸排渗	在尾矿堆积坝体内设置垂直集水井至浸润线以下，通过水源井内虹吸排水装置抽排渗流水。 适用于控制浸润线埋深 4～8m 内且渗流量稳定的尾矿堆积坝
辐射井排渗	用设置在尾矿堆积坝体内单层或多层辐射状排渗管将渗流水自流汇入集水井内，再通过设于集水井下部的导水管将汇水排出坝体以外。 适用于各类复杂程度场地，可降排分布不均匀的多层渗流水，浸润线的降深幅度和范围较大

附　录　C
出水量估算

C.1　管井出水量估算

C.1.1　管井出水量可按现行国家标准《管井技术规范》GB 50296 的有关规定确定。

C.1.2　潜水含水层单井的出水量可按下列公式计算。

1　位于补给、排泄边界之间的潜水完整井（图 C.1.2-1），当 $S \leqslant \frac{1}{2}H$ 时．单井出水量可按下列公式计算：

$$Q=\frac{1.366K(H^2-h^2)}{\lg\left[\frac{2b}{\pi r}\cos\frac{\pi(b_1-b_2)}{2b}\right]} \quad (C.1.2\text{-}1)$$

$$h=b_1+b_2 \quad (C.1.2\text{-}2)$$

$$H=(H_1+H_2)/2 \quad (C.1.2\text{-}3)$$

式中：

Q——单井出水量（m^3/d）；
H——潜水含水层厚度（m）；
r——管井的半径（m）；
K——渗透系数（m/d）；
h——管井中水深（m）；
b_1——管井中心至排泄边界距离（m）；
b_2——管井中心至补给边界距离（m）；
H_1——补给边界处含水层厚度（m）；
H_2——排泄边界处含水层厚度（m）。

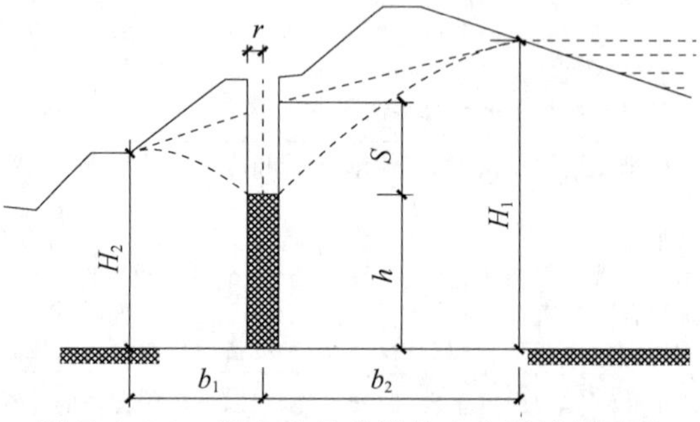

图 C.1.2-1　潜水完整井单井出水量计算示意

2　圆形补给边界的潜水非完整井（图 C.1.2-2），当 l 小于 $0.3H$ 时，单井出水量可按下式计算：

$$Q=1.366KS\left(\frac{l+S}{\lg\frac{R}{r}}+\frac{l}{\lg\frac{0.66l}{r}}\right) \quad (C.1.2\text{-}4)$$

式中：

S——水位降深（m）；
R——影响半径（m）；

l——滤水管工作部分长度（m）。

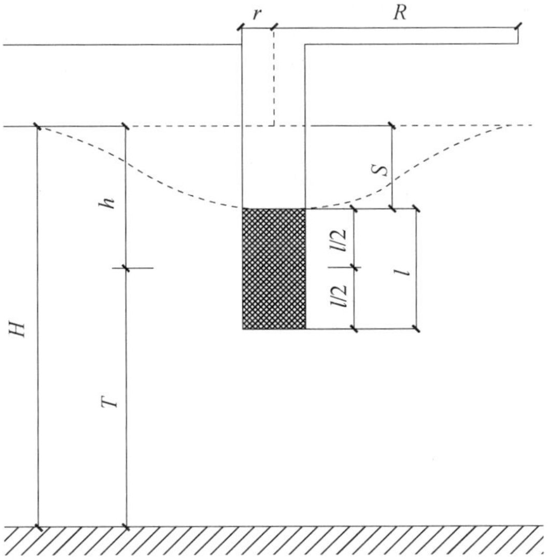

图 C.1.2-2　潜水非完整井单井出水量计算示意

3　井群呈直线排列时的潜水非完整井，单井出水量可按下列公式计算，与 h 有关的系数（A）可按表 C.1.2 取值。

$$Q = \pi KS\left[\frac{2h - S}{2.3\lg\frac{a}{\pi r} + 1.57\frac{R}{a}} + \frac{2T\beta}{(1+\beta)N}\right] \tag{C.1.2-5}$$

$$N = 2.3\lg\frac{a}{\pi T} + 1.57\frac{R}{a} \tag{C.1.2-6}$$

$$\beta = \frac{N}{\zeta_0} \tag{C.1.2-7}$$

$$\zeta_0 = \frac{1}{2\overline{h}}\left[4.16\lg\frac{4T}{r} - A\right] - 1.38 \tag{C.1.2-8}$$

$$\overline{h} = \frac{l}{2T} \tag{C.1.2-9}$$

$$h = S + \frac{l}{2} \tag{C.1.2-10}$$

$$T = H - h \tag{C.1.2-11}$$

式中：

a——两井间距的 1/2（m）；

A——与 $\overline{h}$ 有关的系数。

表 C.1.2　A 与 h 的关系系数

$\overline{h}$	0.05	0.1	0.2	0.3	0.4	0.5	0.6	0.7	0.8	0.9	1.0
A	8.0	7.0	5.0	4.0	3.2	2.5	2.0	1.5	1.0	0.5	0

C.2　辐射井出水量估算

C.2.1　根据单根排渗管出水量，辐射井出水量可按下列公式计算：

$$Q = \alpha q n \tag{C.2.1-1}$$

$$q = \frac{1.366K(H^2 - h_0^2)}{\lg R - \lg(0.75L)} \tag{C.2.1-2}$$

当 $h_r > h_0$ 时，

$$q = \frac{1.366K(H^2 - h_0^2)}{\lg R - \lg(0.25L)} \tag{C.2.1-3}$$

式中：

Q——辐射井出水量（m^3/d）；

K——渗透系数（m/d）；

q——辐射井单根排渗管长度（m^3/d）；

n——排渗管的根数；

L——辐射井单根排渗管长度（m）；

H——潜水含水层厚度（m）；

h_0——动水位以下含水层厚度（m）；

R——影响半径（m）；

α——与 n 有关的系数，可按表 C.2.1 确定。

表 C.2.1　α 与 n 的关系系数

α	0.62	0.53	0.47	0.42	0.39	0.36	0.33	0.31	0.29	0.26	0.24
n	1	5	6	7	8	9	10	11	12	14	16

C.2.2　根据潜水含水层厚度及水位降深，辐射井出水量（图 C.2.2）可按下式计算：

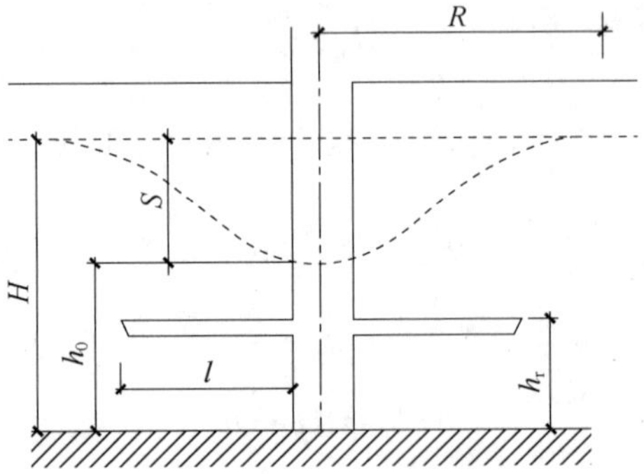

图 C.2.2　辐射井出水量估算示意

$$Q = A(Hh_r)^{\frac{1}{2}} \cdot (KL)^{\frac{1}{3}} \cdot S^{0.8} \tag{C.2.2}$$

式中：

h_r——排渗管轴线至不透水层底板之间的距离（m）；

S——水位下降值（m）；

A——与 h_r/H 有关的系数，可按表 C.2.2 确定。

表 C.2.2 A与 h_r/H 的关系系数

A	93	76	62	49	38	28	17	7
h_r/H	0.15	0.20	0.25	0.30	0.35	0.40	0.45	0.50

本规范用词说明

1 为便于在执行本规范条文时区别对待，对要求严格程度不同的用词说明如下：

1）表示很严格，非这样做不可的：

正面词采用“必须”，反面词采用“严禁”；

2）表示严格，在正常情况下均应这样做的：

正面词采用“应”，反面词采用“不应”或“不得”；

3）表示允许稍有选择，在条件许可时首先应这样做的：

正面词采用“宜”，反面词采用“不宜”；

4）表示有选择，在一定条件下可以这样做的，采用“可”。

2 条文中指明应按其他有关标准执行的写法为：“应符合…… 的规定”或“应按……执行”。

引用标准名录

《岩土工程勘察规范》GB 50021

《给水排水工程构筑物结构设计规范》GB 50069

《砌体结构工程施工质量验收规范》GB 50203

《混凝土结构工程施工质量验收规范》GB 50204

《土工合成材料应用技术规范》GB/T 50290

《管井技术规范》GB 50296

《建筑工程施工质量验收统一标准》GB 50300

《水利水电工程地质勘察规范》GB 50487

《尾矿堆积坝岩土工程技术规范》GB 50547

《岩土工程勘察安全规范》GB 50585

《尾矿设施设计规范》GB 50863

《起重机 钢丝绳 保养、维护、安装、检验和报废》GB/T 5972

《岩土工程仪器基本参数及通用技术条件》GB/T 15406

《冶金工业岩土勘察原位测试规范》GB/T 50480

《供水水文地质钻探与管井施工操作规程》CJJ/T 13

《水工混凝土施工规范》DL/T 5144

《建筑机械使用安全技术规程》JGJ 33

《施工现场临时用电安全技术规范》JGJ 46

《水运工程质量检验标准》JTS 257

《水工混凝土结构设计规范》SL 191

条文说明

1 总则

1.0.1 尾矿库是一个具有高势能的人造泥石流的危险源。在长达十多年甚至数十年的运行时间里，各种自然的和人为的不利因素都会直接威胁它的安全。目前，我国尾矿库多位于江、河、湖等水系的上游地段，有些尾矿库已进入中后期服务年限，并存在安全隐患，一旦发生尾矿堆积坝失稳事故，必将对其下游地区人民的生命和财产造成巨大危害，并对环境造成严重污染。

尾矿堆积坝稳定性加固方式主要采取排渗加固和结构加固，其中排渗加固是通过在尾矿堆积坝体内设置排渗设施，改善堆积坝体内渗透条件，降低浸润线，使其逐步排水固结和增加强度，从而提高堆积坝体抗滑稳定性和渗流稳定性等。

我国95%以上的尾矿堆积坝为上游式尾矿筑坝法形成，坝体渗透破坏是导致尾矿堆积坝失稳事故的主因之一，但到目前为止，我国尾矿堆积坝排渗加固工程没有专门的技术标准，过去主要分别以《上游法尾矿堆积坝工程地质勘察规范》YBJ 11—86、《冶金工业建设岩土工程勘察规范》YSJ 202—88/YBJ 1—88、《尾矿堆积坝岩土工程技术规范》GB 50547—2010等作为勘察依据，以《选矿厂尾矿设施设计规范》ZBJ 1—90、《尾矿设施设计规范》GB 50863—2013等作为设计依据，以《供水管井技术规范》GB 50296—99、《建筑与市政降水工程技术规范》JGJ/T 111—98、《塑料排水板施工规程》JTJ/T 256—96、《混凝土结构工程施工及验收规范》GB 50204—92等作为施工和验收依据，而这些技术标准对此均未做出系统和具体的规定，不能满足尾矿堆积坝排渗加固工程的实施要求。

自20世纪80年代以来，我国加大了对堆积坝体排渗加固新技术的研究与应用，取得了较好的效果。为了全面归纳当前先进、成熟的尾矿堆积坝排渗加固技术，满足尾矿堆积坝排渗加固技术工作要求和提高技术水平，以及规范矿山尾矿堆积坝的排渗加固工程勘察、设计与施工管理和保障尾矿堆积坝的安全运行，使尾矿堆积坝排渗加固工程符合安全性、合理性、经济性、可操作性的要求，故制订了本规范。

1.0.2 本规范中尾矿堆积坝排渗加固工程是在其运行过程中增设的排渗加固设施，不包括初期坝及堆积坝中的预埋排渗设施以及核工业尾矿设施的排渗加固。

氧化铝厂湿式堆存的赤泥堆场、锰渣堆积坝和一次建坝的尾矿坝排渗加固工程可参照本规范执行。

2 术语和符号

2.1 术语

本节中术语是以现行国家标准《尾矿设施设计规范》GB 50863和《尾矿堆积坝岩土工程技术规范》GB 50547中部分术语为基础，参考现行国家标准《岩土工程基本术语标准》GB/T 50279，作了适当修改，并增加了排渗加固、贴坡排渗、管井排渗、排渗管排渗、垂直-水平联合排渗、虹吸排渗和辐射井排渗等术语。

2.1.3 由于浸润线是指坝体中渗流水的自由表面位置，其压力水头为零。

2.1.6 通过设置排渗设施，一是降低坝体内浸润线，减小静水和动水压力；二是使尾矿产生排水固结或压密效应，改良尾矿堆积坝体工程性能；三是在坝体后续逐级向上堆积过程中，其自重荷载进一步使尾矿通过排渗设施产生相应的排渗加固或压密效应，并改良尾矿堆积坝体工程性能，从而有效地提高坝体稳定性。

3 基本规定

3.0.1 根据我国尾矿堆积坝实际发生事故的资料统计分析，坝体渗透破坏事故位居于各种事故发生的原因及其概率的前列。尾矿堆积坝本身是一种散粒体堆筑的水工构筑物，在运行过程中上游存在高势能水位，坝体形成了复杂的渗流场。在渗流作用下，当实际水力梯度达到或超过临界水力梯度时，坝体便发生渗透变形和破坏，甚至导致溃坝，同时浸润线还直接影响坝体的静力和动力稳定性。因此当出现本条所列情况时，应及时进行排渗加固处理。

3.0.2 影响尾矿堆积坝稳定性的因素十分复杂，诸如尾矿堆积坝体的工程地质及水文地质条件、加固措施、施工质量、安全管理等。尤其是尾矿堆积坝建设过程中违反建设程序，未进行必要的勘察和设计，盲目采取措施，使其存在"先天不足"，给工程留下安全隐患。因此尾矿堆积坝排渗加固工程施工前，首先要查明场地工程地质和水文地质条件，取得有关设计参数，并在此基础上调整初步设计方案或选用有效性加固措施。

3.0.3 对于高于设计控制浸润线导致的尾矿堆积坝临时抢险工程，由于时间的紧迫性，难以按照正常程序实施，而临时应急抢险措施不能根除安全隐患，所以其后仍需按基本建设程序进行加固。

3.0.4 由于尾矿堆积坝体内的渗流作用不仅直接产生坝体渗透变形和破坏，而且影响坝体的静力和动力稳定性，当尾矿堆积坝的渗流稳定性、静力稳定性和动力稳定性不足时，将可能发生坝体失稳，甚至导致溃坝事故而危及其下游地区人民的生命财产和已有设施的安全，产生严重的环境污染。自 2000 年以来，我国已经发生 20 余起尾矿库溃坝事故，并因此产生重大损失。所以尾矿堆积坝排渗加固除满足静、动力稳定外，尚必须满足坝体渗流稳定性要求。本条为强制性条文，必须严格执行。

3.0.6 场地复杂程度取决于场地内水文地质和工程地质条件特性，尤其是地下水的赋存情况，是排渗加固工程勘察、设计和施工的重要依据，对合理选择排渗加固设施类型和排渗加固效果至关重要。

国内尾矿堆积坝排渗加固工程实践表明，由于有些排渗加固工程勘察不考虑场地复杂程度的差异，勘察工作布置不具有针对性和合理性，盲目布置勘察工作量，特别是不能具体和准确地反映复杂场地或中等场地内含水层和隔水层的分布情况及其有关设计参数，致使后续设计和施工缺乏必要的依据。

因有些复杂场地或中等场地的勘察成果资料未准确反映场地内水文地质和工程地质条件，无法据此选用有效的排渗加固设施和进行针对性设计，只能按简单场地进行设计和施工，致使实际工程中存在水平排渗管置于相对隔水层中、有些含水层未设排渗加固设施、垂直-水平联合排渗间接贯通部位未置于强透水层中等情况，从而未能达到预期排渗加固效果。

因此按照场地复杂程度的差异进行相应的勘察工作，为设计和施工提供可靠的成果资料，设计和施工据此采取相应的有效排渗加固措施，可避免实施过程中的盲目性和保证排渗加固效果。

4 勘察

4.1 一般规定

4.1.2 排渗加固勘察等级除依据尾矿库等别外，本规范明确了场地复杂程度等级的确定依据。

4.1.3 按照现行国家标准《尾矿设施设计规范》GB 50863 和《尾矿堆积坝岩土工程技术规范》GB 50547 的有关要求，在尾矿堆积坝运行期间已经进行不同程度的勘察，主要作为坝体稳定性分析依据，但难以完全满足本规范第 4.2.1 条的规定和排渗加固工程设计及施工要求。所以本条规定现有勘察资料不满足排渗加固设计要求时，应进行排渗加固勘察。

4.1.5 本规范主要对尾矿堆积坝排渗加固勘察工作布置做了规定，当需对其进行静力或动力稳定分析评价时，相应勘察工作布置尚应符合现行国家标准《尾矿堆积坝岩土工程技术规范》GB 50547 的有关规定。

4.2 勘察技术要求

4.2.1 本条规定了排渗加固勘察需查明的内容。

2 由于堆积坝体内含水层和隔水层的分布情况是决定水文地质特征和场地复杂程度的主要因素，涉及排渗加固设施的合理选用，所以应予以准确探明。

3 辐射井排渗是目前广泛应用的排渗加固方法之一，各尾矿层与井壁的单位摩阻力标准值是集水井井筒下沉及助沉措施的重要计算参数。

6 反滤层、渗流层、土工合成材料、盲井等已有设施和地下障碍物（包括废弃钢丝绳、钢管、竹跳板等）常影响水平排渗管和辐射井的正常施工，甚至导致设计变更，故应通过调查和勘探予以查明。

4.2.2、4.2.3 资料收集、工程地质测绘和调查主要围绕坝体内浸润线、渗透变形及破坏、排渗设施运行情况等进行，作为初步了解和分析实测浸润线高于控制浸润线和出现渗透变形及破坏原因的依据。

4.2.5、4.2.6 本规范对主要渗透变形和破坏地段（如管涌、流土、渗流出逸点、沼泽化、湿地等）及主要排渗加固设施（如辐射井、管井、虹吸井、排渗管、导水管等）规定了勘探工作布置，以作为设计和施工的可靠依据，并避免在实际排渗加固施工过程中出现沉井下沉困难、降水方案不合理、资料不足等问题。

4.2.11 尾矿临界水力梯度是重要的水文地质参数，而且是确定是否产生渗透变形和破坏的依据，所以排渗加固勘察成果宜提供该项参数。

4.3 水文地质测试

4.3.1 勘探孔包括钻孔和静力触探孔等。鉴于水位稳定时间取决于尾矿堆积层的渗透性能，本条规定了量测各类尾矿地下水位的时间间隔。

4.3.3 本条规定了抽水试验的要求。

3 每条观测线的观测孔一般布置在与地下水流向垂直的方向上，与抽水孔的距离宜为 1 倍～2 倍含水层的厚度。

4 抽水试验期间，在量测钻孔中静水位、动水位、恢复水位过程中，需同步对库内水位、坝坡地下水出逸点的水位及其变化进行监测，以准确反映地下水动态变化规律。

4.3.5 根据浸润线埋深和尾矿的渗透性等级差异，选择试坑注水试验或钻孔注水试验。其中试坑注水试验适用于浸润线以上，且浸润线埋藏深度一般大于 5m 的尾矿；钻孔注水试验不受地下水位埋深的影响。

4.3.6 注水试验综合图内容一般包括钻孔或试坑柱状图、试验地层及其深度、试验方法等。

4.4 勘察成果报告

4.4.1 本条规定了尾矿堆积坝排渗加固岩土工程勘察报告的基本内容。

1　工程概况包括初期坝及尾矿堆积坝体的设计参数、现状条件、运行状况等内容；

8　本款需根据浸润线埋深及其动态变化情况，分析其与下游坡浸润线最小埋深之间的关系，当掌握控制浸润线埋深时，尚需分析二者之间的关系。当场地内存在渗流出逸点、流土、管涌、沼泽化或湿地等现象时，需分析其特征和成因。另外，在全面分析场地内水文地质和工程地质条件及有关岩土工程问题的基础上，结合各类排渗加固的工作原理及其应用条件，提出合理的排渗加固处理建议。

10　本款包括对排渗加固施工期间的监测工作建议。

4.4.3　其他成果图、表包括有关素描图，综合分析图、表，岩土工程计算简图及计算成果图表等。

4.4.5　其他需要的报告及资料包括有关岩土工程问题或事故调查与分析报告、专项岩土工程问题的技术咨询报告等。

5　设计

5.1　一般规定

5.1.2　排渗加固设施运行期间，浸润线在横断面上呈起伏状（图 1），排渗设施处浸润线最深（即图 1 中 A、C、D、F 点），每两个（组）排渗设施之间的中间部位浸润线最浅（即图 1 中 B、E 点），坝体内控制浸润线埋深应以图 1 中 B、E 点为准。

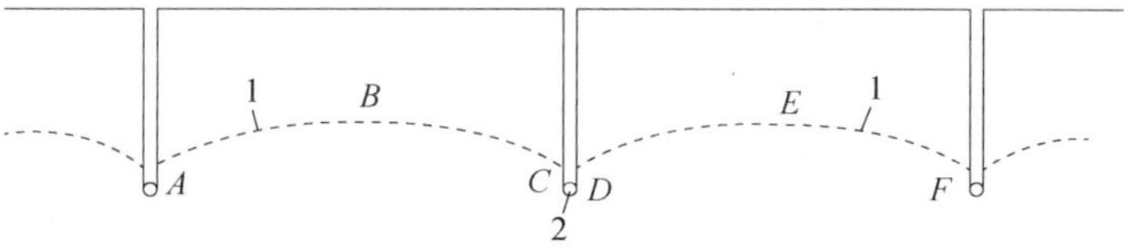

图 1　排渗加固后横断面上的浸润线示意图

1—浸润线；2—排渗加固设施

5.2　渗流计算与稳定性分析

5.2.1　在选择排渗加固设计方案时．通过渗流计算及稳定性分析，可以为寻求安全、合理、经济的排渗加固技术方案及具体布置提供依据。

5.2.2　正常运行库水位或洪水位是两种常规计算水位。不设置排渗加固措施工况的渗流计算结果可以反映出渗流稳定性和排渗加固的必要性，而设置排渗加固措施工况的计算结果可以作为制订和优化排渗加固技术方案的依据。

5.2.4　在渗流控制和排渗加固设施安全与否的判断中，浸润线位置的判断最为重要，静力和动力稳定性分析是浸润线位置安全性的理论分析依据。尾矿堆积坝下游坡浸润线的最小埋深已成业内共识，在尾矿库的管理中发挥了有益的作用。需要说明的是，当下游坡浸润线的最小埋深与坝坡抗滑稳定和渗透稳定确定的浸润线埋深不协调时，应同时满足二者埋深要求。下面举例说明不适合的工况。

例如，在图 2 中，初期坝 $EFGH$ 为透水堆石坝，$BCDE$ 段为尾矿堆积坝。由于地形原因，在 CD 段出现宽平台。显然，尾矿堆积坝在 C 点附近不可能满足尾矿堆积坝下游坡浸润线最小埋深的要求，但是根据稳定计算结果，该尾矿堆积坝是安全的，但仍需满足尾矿堆积坝下游坡浸润线最小埋深要求。

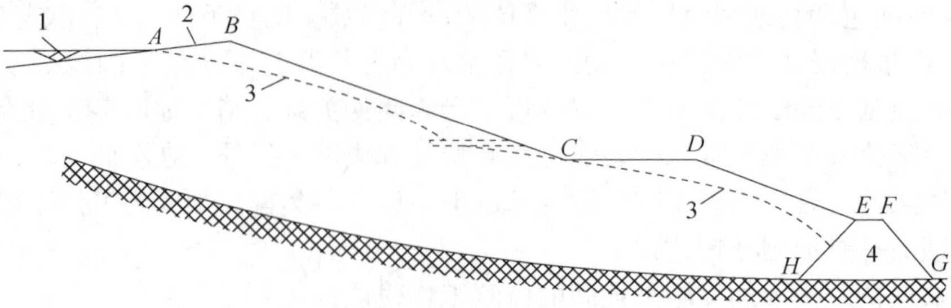

图 2　某尾矿堆积坝纵断面示意图

1—库水位；2—干滩面；3—浸润线；4—初期坝

5.2.5　采用排渗加固设施尾矿堆积坝的浸润线大多呈现为复杂的三维形态，当将三维渗流简化为二维渗流计算时，应取中间断面的浸润线和孔隙压力（或渗流等水头线）分布作为计算条件。

图 3 为某尾矿堆积坝纵断面，因在 *CD* 段浸润线偏高，拟采用排渗加固措施。经计算，设置垂直-水平联合排渗设施后，浸润线降低。图 3 中下面为排渗加固后的浸润线，上面为中间断面的浸润线，后者高于前者。

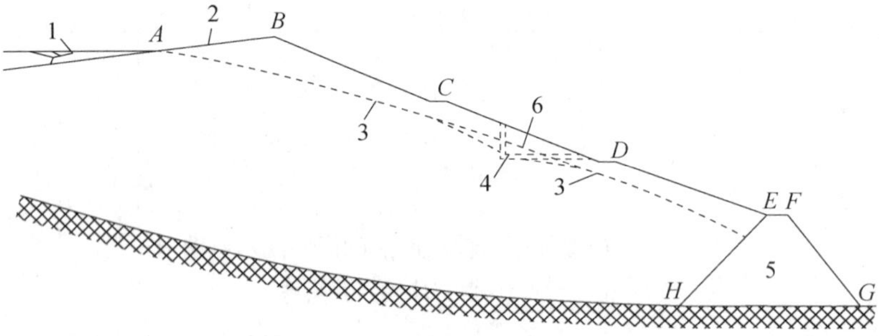

图 3　某尾矿堆积坝纵断面示意图

1—库水位；2—干滩面；3—浸润线；4—排渗加固设施；5—初期坝；6—中间断面浸润线

5.3　贴坡排渗

5.3.1　反滤层是贴坡排渗中的重点设计内容，其作用是使坝体内渗流顺利排至坝外，降低坝体内的孔隙水压力，增强坝坡稳定件，但不能有效地降低浸润线（图 4）。

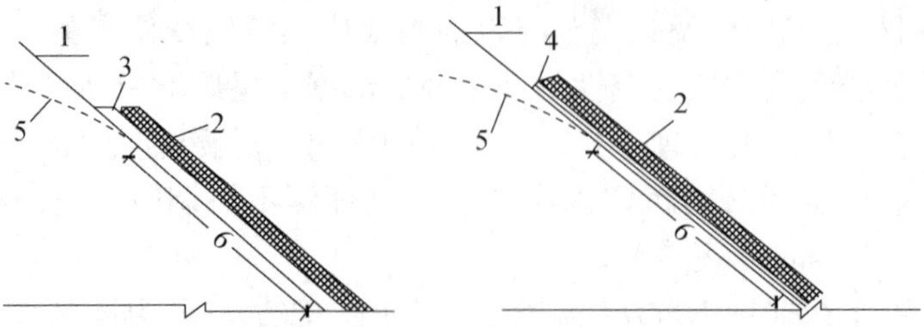

(a) 粒状反滤料作为反滤层　　(b) 土工织物作为反滤层

图 4　贴坡排渗层示意图

1—下游坡面；2—保护层；3—粒状反滤层；4—土工织物反滤层；5—浸润线；6—渗流出逸段

5.3.3～5.3.6 反滤层的设计一般应通过试验确定参数，再进行设计。在无试验资料的情况下，一般采用工程类比法进行设计。

反滤层的材料可为砂、砾料。砂、砾料可在天然料场选用。当难以找到合适的天然料场时，可考虑采用人工砂、砾料，但其颗粒级配应符合设计要求，否则应进行筛选配制。土工织物是作为反滤层的良好用料，其施工方便、经济实用，已经在工程实践中广泛应用。在土工织物应用中要注意其透水性与尾矿的渗透性相适应。

5.4 排渗管排渗

5.4.1 排渗管按管道轨迹可分为水平（直线式）和弧形（非直线式）两种，其结构一般由滤水管和导水管两部分组成。伸入计算浸润线以下部分开孔（槽）为滤水管，计算浸润线以上部分则不开孔（槽）为导水管。滤水管直径一般根据施工机具确定。排渗管与浸润线形成较大夹角可发挥较好的排渗作用，排渗管施工时一般要求形成上倾角，以形成自流排渗效果。

水平排渗管是一种近似水平的自流式排渗设施。一般采用水平钻机钻孔设置。其中坝坡段为导水管，坝体深处浸润线内为滤水管（图 5）。

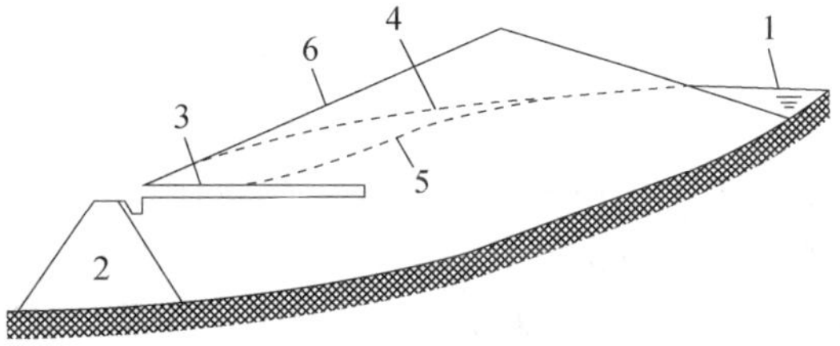

(a) 纵断面

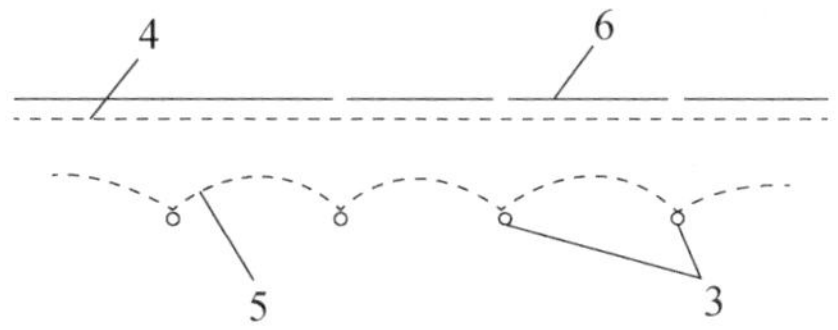

(b) 横断面

图 5 水平排渗管排渗示意图

1—库水位；2—初期坝；3 水平排渗管；4—排渗加固前浸润线；5—排渗加固后浸润线；6—坝面

弧形排渗管是非开挖技术在尾矿堆积坝排渗加固工程中的应用。利用水平定向钻机以可控钻孔轨迹的方式，在地下不同尾矿和深度进行钻进，并通过专用的控向仪，使钻孔沿设计轨迹掘进达设计位置，然后用回拖法安装排渗管（图 6）。

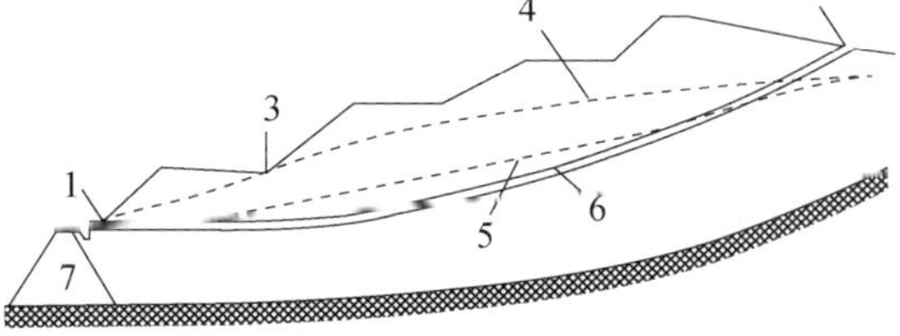

图 6 弧形排渗管排渗示意图

1—排渗管入土点；2—排渗管出土点；3—出逸处；4—排渗加固前浸润线；5—排渗加固后浸润线；6—弧形排渗管；7—初期坝

Ⅰ　水平排渗管

5.4.6　尾矿的沉积规律一般是愈往上游颗粒愈细，渗透系数相应递减，所以排渗管无限往上游延伸，并不能明显增加排渗效果。试验研究和工程实践经验表明，当水平排渗管的长度超过一定范围后，出水量增大比例较小，因此对尾矿堆积坝排渗加固勘察资料进行分析，合理确定贯入深度是很重要的。根据工程实践经验，排渗管的滤水管部分进入浸润线内含水层15m～30m较为合适。排渗管沿坝体上的分布间距可视尾矿的渗透系数差异确定，一般颗粒较粗、渗透系数较大时，其间距可取表1中大值，反之取小值。

从理论上讲，水平排渗管越长，其排渗效果越好，目前国内已具备水平排渗管长度超过150m的施工能力。但水平排渗管过长，其施工难度较大，工程造价也相应增加，因此需寻求一个技术可行和经济合理的管长值。

在渗流计算过程中，可按表1经验值初步选取排渗管水平间距和长度，并经计算进行调整。

表1　排渗管水平间距、长度经验值

尾矿渗透系数 K (cm/s)	$>10^{-3}$	$10^{-1}\sim10^{-3}$	$<10^{-1}$
排渗管水平间距 S (m)	15～20	10～15	5～10
排渗管尺度 L (m)	30～70	70～80	>80

5.4.7　本条规定了水平排渗管结构要求。

1　排渗管直径由施工设备所用套管内径决定。我国目前通常采用套管的外径为108mm～168mm，可设置相应的水平排渗管外径为75mm～110mm。实际工程案例表明，采用排渗管外径为90mm时，其最大排渗量可达32.4m^3/h，一般能够满足排渗流量的要求，因此条件许可时首选管径外径为63mm～90mm的排渗管。

2　从理论上说，滤水管开孔率愈大则排渗效果越好，但实验结果表明，开孔率从7%增加到15%时，其综合渗透性能变化不大。因此本规范建议滤水管开孔率宜为8%～10%。

Ⅱ　弧形排渗管

5.4.11　本条规定了弧形排渗管结构要求。

4　槽孔式排渗管是一种新型的尾矿堆积坝排渗管（图7）。它是特制的槽孔结合的PE异形聚乙烯塑料管，目前一般采用的规格是管外径75mm，壁厚6mm。管外壁纵向均匀地开有12条渗水槽，槽底按150mm～200mm间距钻ϕ8mm的渗水孔。孔眼分布为螺旋状，管外壁包裹有设计规格的不锈钢丝网。排渗管内外压力差集中体现在渗流槽上，渗水可从渗流槽内的任意渗水孔流出，渗水孔表面没有压力，因此槽孔式排渗管排渗的持久性远高于普通排渗管。

槽孔式排渗管是聚乙烯材料一次挤塑成型的槽形管，槽内开滤水孔，滤水孔的数量在同一截面不能超过凹槽面积的30%。导水管是聚乙烯材料挤塑成型的光滑无孔的内压式圆形管。滤水管外部采用白钢网包裹作为过滤层，白钢网材质由地下水质确定。白钢网目数由尾矿细度决定。

5.5　管井排渗

5.5.1　管井法是较早用于尾矿堆积坝排渗加固的方法，一般在初期坝上游的堆积坝坡上平行于坝轴设置，采用水泵抽排渗入井内的渗流水，从而降低坝体内浸润线（图8）。由于目前尾矿颗粒趋于细粒化，渗透性和渗水量较小，管井的抽水系统难以适应细水长流的排渗要求，为此需要频繁启动关闭水泵，造成水泵和反滤体使用寿命缩短。所以该方法主要用于不具备自流排渗条件且排渗水量较大的地段。另外，可作为临时性排渗降水措施。当采用该方法时，井深除满足控制浸润线深度外，还应考虑渗透阻力引起的管井内的水头损失和泵体的长度。管井由井口管段、井壁管段、滤水管段、沉砂管段组成是针对其各自功能划分的。

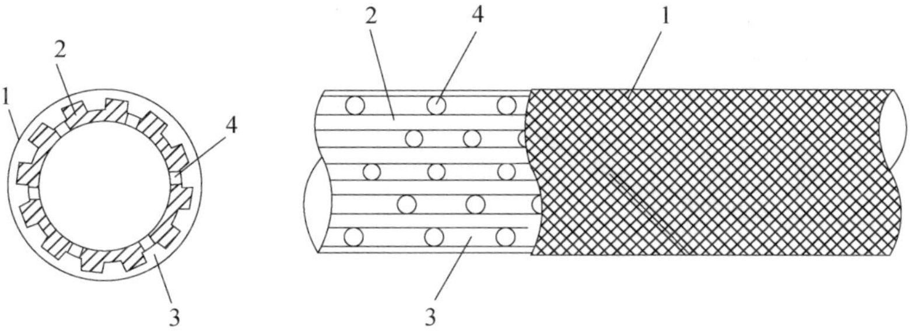

图 7　槽孔式排渗管结构示意图

1—滤网；2—PE 管；3—滤水槽；4—滤水孔

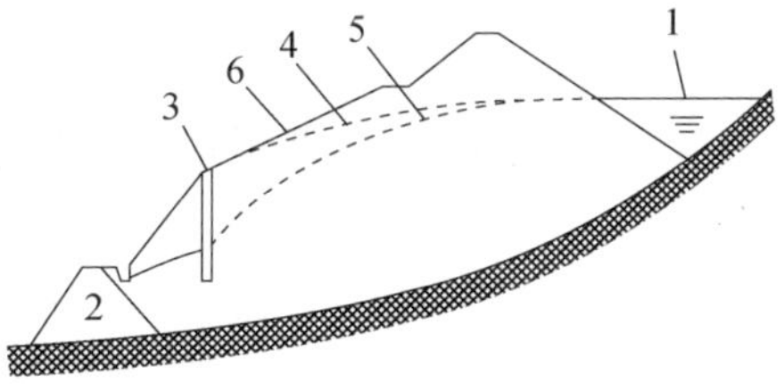

图 8　管井排渗示意图

1—库水位；2—初期坝；3—管井；4—排渗加固前浸润线；5—排渗加固后浸润线；6—坝面

5.5.4　井管材料一般根据井径、井深、水质和技术经济等因素来选定。目前尾矿堆积坝排渗加固工程的管井，滤水管多采用无砂混凝土管，具有制作简单、造价低等优点，但因其强度低、重量大，多用于 50m 深度以内的管井。

5.5.5　本条规定了确定管井间距、井数、井径、井深的要求。

3　为满足水泵的安装和动水位测量要求，安装水泵井段的内径应比水泵铭牌上标定的井管内径大 50mm。式（5.5.5-1）中滤水管进水表面有效孔隙率（n）一般按滤水管进水表面孔隙率的 50%考虑。

5　工程试验和对比资料表明，滤水管有效长度在一定范围内，管井出水量就随着其长度增加而增大，但当其长度超过 30m 后，出水量增大比例甚微，从经济合理性方面考虑，滤水管有效长度不宜超过 30m。

5.5.6　一般潜水泵选用不受条件限制，离心式水泵仅适用于水位埋深在 6m～7m 以内的水量较大的管井。

5.5.11　由于尾矿堆积坝体内浸润线一般起伏较大，本规范附录 C 为出水量估算公式，估算结果需以现场试验结果进行复核。

5.6　垂直-水平联合排渗

5.6.1　垂直-水平联合自流排渗系统在竖向和水平向同时集水，具有立体排渗效果（图9）。竖向排渗设施的功能主要是集水作用，渗水汇集后在其下部通过水平排渗管导出。水平排渗管兼有集水和导水两种功能，其中在浸润线以下的部分具有集水和导水功能，浸润线以上的部分仅具有导水功能。

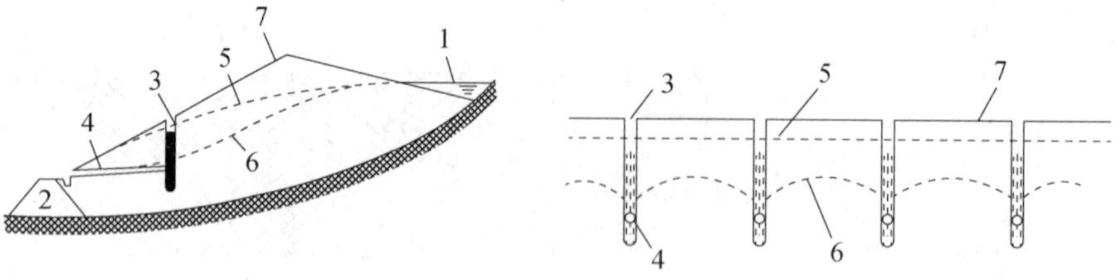

(a) 纵断面　　(b) 横断面

图9　水平-竖向联合排渗示意图

1—库水位；2—初期坝；3—竖向排渗体；4—水平排渗管；5—排渗加固前浸润线；6—排渗加固后浸润线；7—坝面

因竖向排渗体需将其设置深度范围内上、下各含水层贯通并集水，为将集水顺畅通过水平排渗管导出坝外，二者必须连接贯通，且竖向排渗体底部标高应低于水平排渗管所处位置的标高。

尾矿渗透性等级可参考国家标准《水利水电工程地质勘察规范》GB 50487确定，中等渗透尾矿为10^{-1}cm/s渗透系数（K）$<10^{-2}$cm/s，其以上为强透水和极强透水尾矿层。

5.6.6　目前小直径袋装砂砾井在工程上得到广泛的应用，我国通常采用100mm～200mm的直径。由于可连续或分段布置，从而弥补了单个大直径砂井和管井的不足，使砂井的设计和施工更加科学化。

当分段布置时，可视其结构情况，在平面上呈圆形、矩形、条形、糞形等布置。

1987年在安徽铜陵狮子山铜矿杨山冲尾矿坝加固治理工程中，首次应用袋装砂砾石排渗井作为垂直排渗体，并取得显著效果。在袋装砂砾石排渗井开发应用初期，先后应用麻棕、尼龙网等材料进行试验，效果不甚理想，出水含砂量较大，无法满足设计要求。最后选用土工布作为制袋材料。经河海大学对各种规格土工布在不同荷载下的渗透及淤堵试验等相关数据，确定选用400B2型材料较为合适。到目前为止，大量实际工程实践表明采用300g/m^{2}土工布效果较好。所以本条规定可用300g/m^2～500g/m^{2}土工布制袋。

5.6.7　塑料排渗板的排渗原理和设计计算方法和砂井排渗法相同，塑料排渗板具有单孔过水断面大、排水畅通，质量轻、强度高、耐久性好等特点，是一种较理想的竖向排渗体。根据塑料排渗板的结构，要求滤水膜渗透性好，排水沟槽输入畅通。此外，塑料板沟槽断面不因受尾矿侧压力作用而减小，这是发挥塑料板排渗作用至关重要的因素。因此在选择塑料板时，应着重于板芯材料、滤水膜质量、塑料板的结构等因素综合考虑。一般采用聚丙烯和聚乙烯塑料板芯。

当分段布置时，也可视其结构情况，在平面上呈圆形、矩形、条形、糞形等布置。

5.7 虹吸排渗

5.7.1 水源井又称集水井，在尾矿坝排渗加固中多采用管井。

5.7.3 本条中气候分区是按照现行国家标准《民用建筑热工设计规范》GB 50176—93 的规定而确定的，主要划分为严寒地区、寒冷地区、夏热冬冷地区、夏热冬暖地区和温和地区等五个气候区，其中严寒地区和寒冷地区应满足冬季保温要求，结合我国不同地区尾矿堆积坝虹吸排渗加固设施运行情况，做出本条规定。

5.7.6 本条规定了虹吸管设计要求。

2 虹吸管沿程水头损失可由下式计算：

$$h_f = \lambda \cdot \frac{l}{d} \cdot \frac{v^2}{2g} \tag{1}$$

式中：

λ——沿程阻力损失系数；

l——管长；

d——管径；

v——流速。

虹吸管的局部水头损失由下式计算：

$$h_j = \zeta \cdot \frac{v^2}{2g} \tag{2}$$

式中：

ζ——局部阻力损失系数；

v——流速。

7 本款中通长设置主要指不宜设置管道接头，以减小局部水头损失。

5.8 辐射井排渗

5.8.1 辐射井由横管井发展和演变而来，早期主要用于地下水开采取，自 20 世纪 90 年代开始逐步应用于尾矿堆积坝排渗加固工程，并取得良好效果。辐射井具有适用性强、排渗效果显著、维护成本低、使用寿命长等特点。

辐射井是利用辐射状排渗管将堆积坝体内地下水自流至集水井内，通过导水管自流排出坝体以外的排水系统（图 10）。对于复杂场地，为增加排渗加固效果，可沿辐射排渗管增设小直径袋装砂砾井、塑料排水板等垂直排渗体，形成立体排渗系统。

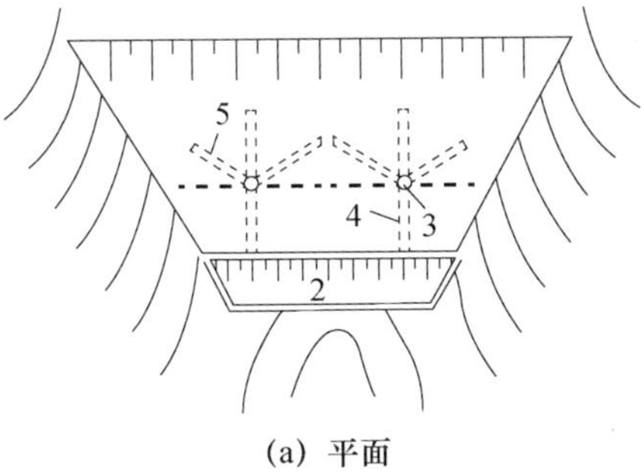

(a) 平面

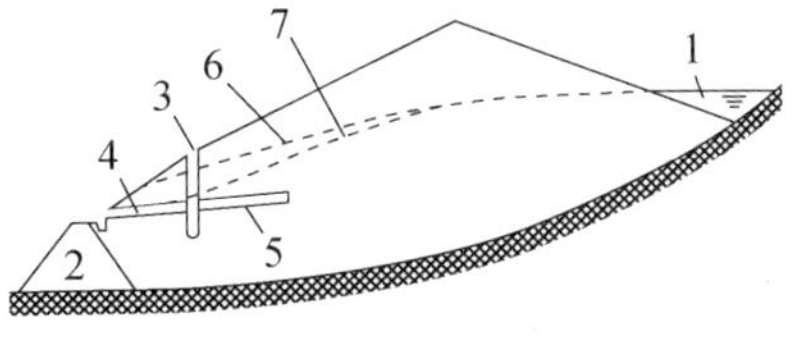

(b) 纵断面

图 10 辐射井排渗示意

1—库水位；2—初期坝；3—集水井；4—导流管；5—排渗管；6—排渗加固前浸润线；7—排渗加固后浸润线

5.8.2 集水井在坝坡或沉积滩的平面位置布置主要依据坝轴线长度、需要排渗加固治理的范围、浸润线埋深、坝体渗透破坏情况和导水管路途等因素确定，并优先考虑渗透破坏的范围和浸润线埋深较浅的部位。

5.8.3 由于辐射井的平面排渗加固范围主要取决于辐射排渗管长度，垂直排渗加固主要取决于最底层辐射排渗管设置深度，所以应在渗流和稳定性计算的基础上，结合辐射排渗管的设置情况和导水管的设置条件综合确定井数、井距、井深和井径。

5.8.4 本条规定了集水井结构设计要求。

3 井的间距不宜小于 100m，可根据排渗管施工机具的能力确定。

4 井口设置井盖是为了防止人或杂物掉入井内，造成人员伤害及淤堵辐射井。在井盖上设置检修口，井内设爬梯是为便于检修。

8 井筒下沉设计时，井壁外侧与尾矿间的单位摩阻力标准值 f_k 应通过试验确定。无试验资料时，可参照表 2 选用。

表 2 单位摩阻力标准值 f_k

尾矿类别	黏性尾矿	尾粉土	尾粉、细砂	尾中粗砂
单位摩阻力标准值 f_k（kPa）	10～25	12～27	12～30	15～35

对流塑状态黏性尾矿取表 2 中下限值，可塑状态黏性尾矿取表 2 中上限值；对松散状态尾粉土和砂性尾矿取表 2 中下限值，密实状态尾粉土和砂性尾矿取表 2 中上限值。

当集水井深度范围内为多种类别尾矿时，单位摩阻力取各尾矿层单位摩阻力标准值的加权平均值，按式（3）计算：

$$f_{ki} = \frac{\sum_{i=1}^{n} f_{ki} h_{si}}{\sum_{i=1}^{n} h_{si}} \tag{3}$$

式中：

f_{ki}——多土层的单位摩阻力标准值的加权平均值（kPa）；

f_{ki}——第 i 土层的单位摩阻力标准值（kPa），按表 2 选用；

h_{si}——第 i 层土的厚度（m）；

n——沿辐射井下沉深度不同类别土层的层数。

下沉系数应符合式（4）和式（5）的要求：

$$k_{st} \geqslant 1.05 \tag{4}$$

$$k_{st} = (G_k - F_{fw,k})/F_{fk} \tag{5}$$

式中：

k_{st}——下沉系数；

G_k——井筒自重标准值（包括外加助沉重量的标准值）（kN）；

$F_{fw,k}$——下沉过程中水的浮托力标准值（kN）；

F_{fk}——井壁总摩阻力标准值（kN）。

集水竖井封底混凝土厚度根据基底的向上净反力计算确定，可按式（6）计算：

$$h_t = \sqrt{\frac{5.72M}{bf_t}} + h_u \quad (6)$$

式中：

h_t——封底混凝土厚（mm）；

M——每米宽度内最大弯矩的设计值（N·mm）；

b——设计宽度（mm），取 1000mm；

f_k——混凝土抗拉强度设计值（N/mm^2）；

h_u——附加厚度（mm），可取 300mm。

计算厚度需扣除封底的附加厚度。

5.8.5 工程实践表明，辐射井出水量的影响因素十分复杂，按经验公式和理论计算的结果与实际情况均存在较大差异，具体工程可按本规范附录 C 推荐公式进行估算。

目前，辐射井出水量也有采用瞿兴业公式（即渗水管法）进行估算。

$$Q = nK(R_O - r)\frac{H - H_w}{\phi} \quad (7)$$

$$H = H_w + (H_O - H_w)\frac{1 - e^{-\alpha(R_O - t)}}{\alpha(R_O - r)} \quad (8)$$

$$\phi = \frac{1}{\pi}\ln\frac{1}{\sqrt{\left(\sin\frac{\pi\Delta H}{2H}\right)^2 - \left[\sin\frac{\pi}{2H}\left(\Delta H - \frac{d}{2}\right)\right]^2}} + \frac{b}{8H} + \frac{H - \Delta H}{b}\left(1 + \frac{H - \Delta H}{2H}\right) \quad (9)$$

$$b = \frac{1}{2}\tan\left(\frac{\theta}{2}\right)R \quad (10)$$

$$\alpha = \frac{1}{R_2 - R_1}\ln\frac{H_2 - H_w}{H_1 - H_w} \quad (11)$$

$$R = R_O - \frac{1}{\alpha}\ln\frac{H_O - H_w}{H_1 - H_w} \quad (12)$$

$$H_x = H_w + (H_O - H_w)e^{-\alpha(R_O - t)} \quad (13)$$

式中：

H——辐射渗水管全程水位平均高度（m）；

H_x——降落曲线坐标的公式，距集水竖井中心距离 x 处的水位高度（m）；

H_W——集水竖井中水位高度（m）；

H_O——辐射渗水管端点处的水位高度（m）；

H_1、H_2——距集水竖井 R_1、R_2 处的水位高度（m）；

R_1、R_2——距集水竖井较近和较远处观测孔的距离（m）；

R_O——辐射渗水管端点距集水竖井中心的距离（m）；

Q——辐射井总出水量（m^3/h）；

α——待定系数；

r——集水竖井半径（m）；

n——辐射排渗管根数；

θ——相邻两辐射管夹角（°）；

ΔH——辐射渗水管中心与隔水底板间高差（m）；

d——辐射渗水管直径（m）。

式中 H、H_X、H_W、H_O、H_1、H_2均为从集水竖井底起算的高度。

6　施工

6.1　一般规定

6.1.3　本条规定了编制施工组织设计的基本要求．明确了施工组织设计的编写内容。施工组织设计编制时，根据工程的规模和场地复杂程度，具体内容可作合理增减。

1　工程概况具体内容一般包括尾矿堆积坝概况、场地地形、工程地质与水文地质特点、施工条件、必要的图件及技术难点等；

2　设计要求具体内容一般包括排渗加固设施类型、技术质量要求及工作量等；

3　施工技术方案内容包括施工准备、施工工艺、设备和材料计划等；

4　施工组织方案内容应包括施工组织机构、劳动力计划及职责分工等；

6　施工平面布置应包括施工现场给水、排水、用电、道路、材料存储、材料加工、临时设施及有关施工安全设施等场地的布置等。

6.1.9　由于尾矿堆积坝的筑坝方式和尾矿排放方式的差异，导致坝体本身的水文地质和工程地质条件不尽相同，需采取相应有效的排渗加固方法对其进行治理，所以提倡开发施工新技术和新工艺，但实施前应进行工艺性试验，并应经过技术认证或鉴定。

6.2　贴坡排渗

6.2.2　采用粒状反滤料施工时，应按设计要求复核料场的用料贮量和质量，其中质量主要复核用料的粒径、级配、不均匀系数、含泥量等。反滤料运送过程中应保持湿润状态，以免颗粒分离，并防止杂物或不同规格物料混入。铺填反滤层时，一般按 10m 间距方格网设置厚度控制点，使其厚度均匀层次清楚。铺填反滤层须自底部向上进行，不得从坡面上向下倾倒。分段铺填时，应做好接缝处各层之间的连接。反滤层铺填后，应及时铺设保护层。

6.3　排渗管排渗

6.3.1　为确保水平排渗管的施工质量，首先应把施工设备安装牢固，防止施工过程中发生失稳或偏移。

6.3.3　由于退拔套管后，钻孔孔径大于导水管直径，会导致渗水不从导流管排出，而从导流管与孔壁之间的空隙流出，并使周边尾矿产生渗透破坏，因此需对其做好封孔处理。

6.3.4　排渗管出水含砂量直接关系到排渗设施的正常运行、使用寿命和堆积坝体变形等，含砂量过大会导致局部坝体渗透变形、排渗管堵塞等事故，控制出水含砂量在允许范围内是保证排渗设施质量的关键之一。因此本条对排渗设施含砂量作了明确规定。

工程实践表明，排渗设施的排水含砂量变化具有规律性，一般排水开始时含砂量较高，随着排水时间的延续，含砂量逐渐减小并趋于稳定，最终形成稳定含砂量。本条规定的含砂量是指稳定含砂量。

Ⅰ　水平排渗管

6.3.7　顶管施工是采用油压千斤顶等推力设备将水平套管按设计要求顶入尾矿中，同时将管内渣土掏出。油压千斤顶的推力一般大于或等于 2000kN，根据管径和阻力大小可采用一个或多个千斤顶。应对工作坑承受顶进反力侧壁进行加固，以便为顶进提供足够的反力支撑，并防止工作坑壁垮塌。

1　顶进阻力按下式估算：

$$F_P = \pi D_O L f_k + N_F \tag{14}$$

式中：

F_P——顶进阻力（kN）；

L——顶入管的长度（m）；

D_O——顶入管的外径（m）；

f_k——顶入管外壁与尾矿间的单位摩阻力标准值（kN/m^2）；

N_F——管的端阻力（kN）。

顶入管外壁与尾矿间的单位摩阻力标准值 f_k 应通过试验确定。无试验资料时，可参照表 2 选用，但需考虑顶入过程中挤密效应影响。

3 筒形旋转钻头可穿越地下障碍物、导正和修正孔壁，一般钻头长度与其直径比值不宜小于 1.5。

6.3.8 跟管钻进是通过固定在反力墩上的钻机向尾矿层中水平钻进成孔，同时跟进套管。

本条规定了水平孔达到设计深度后，安装水平排渗管前应进行必要的封堵套管端部和清除管内残渣工作，以保证后续排渗管的顺利安放和套管的顺利拔出。

6.3.10 由于在拔管过程中停顿时间过长，会导致尾矿涌入套管和水平排渗管之间的环状间隙，为防止因此发生的夹管事故，所以拔出套管宜连续作业。

Ⅱ 弧形排渗管

6.3.12、6.3.13 弧形排渗管施钻前应根据勘察资料和管线设计要求，设计导向钻进轨迹图。为使钻进轨迹符合设计要求，首先确立定向钻的入土点和出土点位置，再根据钻进轨迹设计确定入土角、出土角、管道曲线段的轴向曲率半径等。导向定位系统是确保钻进行轨迹符合要求的关键，应根据定向钻机类型、穿越障碍物类型、探测深度和现场探测条件等合理选用。

6.3.14 导向钻进用的探头每次使用前应进行深度标定，接收机与探头的标定距离应根据探测深度而定。探测时信号显示要适中，在表盘上要留有足够的增益和衰减余地，在一定范围内移动接收机，找到响应信号最强位置。

钻进过程中跟踪探测一般按每钻进一根钻杆探测一次钻头方位、倾角、距离、深度。当存在偏差时，一般采用小角度逐步纠偏。

6.3.18 由于在施工过程中可能导致浸润线发生变化，甚至致使其实际水力梯度大于临界水力梯度，所以需采取必要的减压措施，以避免施工过程中发生流土、管涌等现象。

6.4 管井排渗

6.4.3 由于不同堆积坝的尾矿组成差异较大，难以形成送水水量、水压及时间等技术参数的统一标准，故应通过试验确定有关参数。

6.4.10 水泵进水口在沉砂管顶部与控制浸润线之间的具体位置可根据管井实际出水量进行调整，若实际出水量较大时可适当上移，反之则下移。

6.5 垂直-水平联合排渗

6.5.2 垂直排渗体与水平排渗管直接连接或间接贯通是联合自流排渗的关键核心技术。一般可采用测量放线找准垂直排渗体点位或先采用高精度水平测斜仪对水平孔进行精确测量，然后结合测量放线进行垂直排渗体的施工定位。

随水平排渗管长度增加，垂直排渗体在坝面位置的确定难度相应增加，对于 50m 以上的水平排渗管，可采取多次定点法确定垂直排渗体在坝面的位置。

6.5.3 送水检验一般采取送入清水，通过观测送入水量与排出水量的动态变化关系确定。必要时，可通过示踪试验确定。

6.5.6 本条对小直径袋装砂砾井作为垂直排渗体的施工做出了规定。

1 由于小直径袋装砂砾井具有直径相对较小、施工机具轻便、施工方法简单和效率高等优点，目前已得到广泛应用。沉管法成孔可据尾矿特性采用静压沉管法、锤击沉管法、静压-锤击联合沉管法或振动沉管法。

2 水冲法成孔是在直径为 ϕ50～ϕ70mm 冲套（一般为无缝钢管）下端装一个圆锥形射水喷头，喷头锥面上钻有数个直径为 3mm～5mm 的喷射孔，并焊有 3 个～5 个三角形翼片（或环形刮刀），以利切土，冲管上端由耐压胶管与高压泵相连。高压水射出冲切土体，喷头靠自重下沉至设计深度成孔。施工时注意控制冲孔水压和时间。

3 采用多套套管依次施工主要是为避免损伤砂袋，具体实施步骤如下：

（1）沉入第一套套管到设计深度，用高压清水冲出套管内的尾矿并投袋，不拔管；

（2）按小直径袋装砂砾井设计布置方向紧贴第一套套管沉入第二套套管并投袋，不拔管；

（3）拔出第一套套管，贴紧第二套套管沉第三套套管至设计孔深并投袋，依次类推直至所有小直径袋装砂砾井施工完毕。

6.5.8～6.5.10 施工塑料排水板的方法有套管法和裸打法两种，由于尾矿砂易对滤膜造成损伤，目前在尾矿堆积坝排渗加固工程中多采用套管法。

一般打设塑料排渗板的套管管靴有圆形、扁形或棱形，由于管靴断面不同，则所用重坠各异，并且一般都与套管分离。重坠主要作用是在打设塑料排渗板过程中对塑料排渗起下坠锚定作用，以防提拔套管时将塑料排渗板带起。

6.6 虹吸排渗

6.6.1 尾矿堆积坝排渗加固工程一般采用管井作为水源井。当采用其他形式时，可参照相应的规定施工。

6.6.3 对虹吸管的检查主要采用外观和注水相结合的方法进行。

6.7 辐射井排渗

6.7.2 本条说明如下：

1 在施工前应根据勘察和设计资料，认真分析和判定施工过程中是否会发生井筒周围尾矿沉陷、下部流砂和井底涌砂等现象，从而决定采取哪种施工方法和对应措施。

对于集水井所穿过的尾矿层因排水而产生流砂或因排水造成周边地面沉降过大时，应选用不排水下沉施工方法。反之，可采用排水下沉施工方法。

4 在井筒下沉测量控制过程中，可采用水平管测量装置辅助观测垂直度。

5 当井筒下沉受阻时，可视具体情况选用如下助沉措施：

（1）沿井筒周围预埋注浆管并向井筒外壁注入泥浆滑润剂；

（2）贴近井筒外壁钻孔并向孔内注入泥浆；

（3）井筒外模板壁贴薄膜提高井筒外壁光滑度或涂抹润滑剂；

（4）井筒顶压载降；

(5) 低井筒内水位。

6 下沉过程中要随时掌握尾矿层的变化情况，分析和检验尾矿的阻力与井筒重量的关系，控制排土部位和排土量，使井筒均匀平稳下沉。井筒一般采取分段（节）施工，各段（节）衔接部位应平直，以免因此产生偏斜。

井筒下沉过程中产生的倾斜一般由尾矿的性质、厚度差异或沉井施工方法不当等原因所致，施工前应制订相应的纠偏方案。

7 对于排水封底，一般采取两次封底法。第一次封底，即先在井底中部安装降水减压装置并抽水，然后在其周围施工钢筋混凝土。第二次封底是待初封混凝土初凝后，再施工第二层钢筋混凝土。

必要时，为防止渗水导致水泥流失，混凝土强度可按设计强度提高一个等级。

6.7.6 目前国内有关技术标准，对建筑工程中沉井最大倾斜度允许偏差的要求不尽相同，一般规定不大于 $2\%H$（H 为下沉深度），对于浮式沉井规定倾斜度不大于 2°。本规范中集水井功能不同于建筑工程中沉井，主要作为集水和排渗管、导水管的施工平台，井筒中心垂直度小于或等于 3°时不影响其正常使用功能。

7 检验、监测与验收

7.2 检验

7.2.1～7.2.7 规定了各种排渗加固工程的检验内容，包括原材料、半成品、成品的检验和施工质量的检质检验。检验标准应符合相关标准的规定和设计要求。

对于贴坡反滤层内砂砾石，一般每 $50m^2$～$100m^2$ 不少于 1 个检验点，且检验数量不少于 3 个点。

7.2.8 监测设施的原材料主要包括管材、滤料、电缆、光纤等。

7.3 监测

7.3.1 由于本条规定排渗加固监测适用于排渗加固施工期间的监测，因此监测范围为采取排渗加固工程的区域内，监测内容主要指浸润线和流量。当合同另有要求时，可按现行行业标准《尾矿库安全监测技术规范》AQ 2030 的规定执行。

Ⅰ 浸润线监测

7.3.6 监测线一般在具有代表性的地段平行于地下水流向布置。监测点数量和埋设位置应根据监测线长度、渗流计算方法等因素合理确定，为准确反映浸润线的形状及其变化，在其变化较大部位取监测线距和点距的小值。

7.4 验收

7.4.1～7.4.4 尾矿堆积坝排渗加固工程属特殊治理工程项目，有别于一般建（构）筑物工程施工项目，且大多属于隐蔽工程，因此可按隐蔽工程验收和竣工验收程序进行，施工质量验收和效果检验均应符合设计和相关技术标准的要求。同时可参照执行国家标准《尾矿设施施工及验收规范》GB 50864 的有关规定。

8 安全与环保

8.0.3 在尾矿堆积坝排渗加固施工过程中，若施工方法不当，可能引起堆积坝体饱和尾粉土和尾砂液化、渗透破坏、坝体变形乃至失稳等严重后果。由于尾矿堆积坝排渗加固工程是对已有坝体进行加固治理，有些含污染物的尾矿库采取了环保防渗设施，若这些环保防渗设施在排渗加固治理勘察和施工过程中遭到破坏，将产生污染物流失而导致环境污染事件。

在勘察、设计和施工前期均应充分收集和分析已有有关资料，避免勘探钻孔和排渗加固设施损害已有环保防渗设施。

8.0.5 加强用电安全管理，电工必须持证上岗。现场设备必须具有接地装置，做到一机一闸一保险和三级漏电保护。严禁私自拉接照明线路，现场实行轮流值班制，便于及时处理突发事故。

8.0.7 若不对坝体上的钻孔、探井等进行回填封堵，则可能改变坝体渗流条件。因此钻孔、探井等勘探工作完成后，应以“以土还土、以砂还砂”原则进行回填封堵，并做好封堵施工记录。记录内容包括钻孔编号、孔口高程、孔径、钻进情况、事故及处理情况、封孔用料、分层捣实及孔口处理情况等。

8.0.9 辐射井的集水井开挖掘进施工时，不同程度地存在安全隐患，直接危及井下施工人员生命安全，应制订周密可靠的安全技术措施，以确保施工安全。

4 一般集水井深度超过 10m 时．含氧量明显降低，所以需配置向井内作业面送风设备。在施工过程需进行缺氧试验，根据测试结果进行通风供氧，以保障井内施工人员生命安全。

6 尾矿坝的险情常在汛期发生，特别是重大险情多在暴雨期间发生。汛期尾矿库处于高水位工作状态，调洪库容有所减少，遇暴雨易造成洪水漫顶，同时浸润线的位置处于高位，坝体饱和区扩大，使坝体的稳定性降低，因此为防止尾矿坝险情的发生，本条规定在暴雨期间不得进行沉井施工。

铁尾矿砂混凝土应用技术规范 GB 51032—2014

1 总则

1.0.1 为了规范铁尾矿砂混凝土在建设工程中的应用，保证混凝土质量，制定本规范。

1.0.2 本规范适用于铁尾矿砂混凝土的原材料质量控制、配合比设计、生产与施工、质量检验与验收。

1.0.3 铁尾矿砂混凝土的应用，除应符合本规范外，尚应符合国家现行有关标准的规定。

2 术语

2.0.1 铁尾矿砂 iron tailings sand

铁矿石经磨细、分选后产生的粒径小于 4.75mm 的废弃颗粒。

2.0.2 铁尾矿混合砂 mixed aggregate of iron tailings sand

铁尾矿砂与天然砂或机制砂等混合配制成的砂。

2.0.3 石粉含量 fine content

铁尾矿砂中粒径小于 75μm 的颗粒含量。

2.0.4 铁尾矿砂混凝土 iron tailings concrete

以铁尾矿砂或铁尾矿混合砂为细集料配制的水泥混凝土。

3 基本规定

3.0.1 铁尾矿砂宜与机制砂或天然砂混合使用。

3.0.2 铁尾矿砂混凝土的力学性能和耐久性能应符合现行国家标准《混凝土结构设计规范》GB 50010 和《混凝土结构耐久性设计规范》GB/T 50476 的有关规定。

3.0.3 铁尾矿砂混凝土放射性应符合现行国家标准《建筑材料放射性核素限量》GB 6566 的有关规定。

4 原材料

4.1 铁尾矿砂

4.1.1 铁尾矿砂按细度模数应分为细砂和特细砂。细砂细度模数应为 2.2～1.6，特细砂细度模数应为 1.5～0.7。

4.1.2 铁尾矿砂的颗粒级配应符合表 4.1.2 的规定。

表 4.1.2 铁尾矿砂的颗粒级配

筛孔的公称直径	铁尾矿砂	
	细砂	特细砂
方筛孔	累计筛余（%）	
4.75mm	10～0	0

续表

筛孔的公称直径	铁尾矿砂	
	细砂	特细砂
2.36mm	15～0	15～0
1.18mm	25～0	20～0
600μm	40～16	25～0
300μm	85～55	55～20
150μm	94～75	90～30

4.1.3 铁尾矿砂的石粉含量和泥块含量应符合表 4.1.3 的规定。

表 4.1.3 铁尾矿砂的石粉含量和泥块含量（%）

项目		指标
石粉含量	MB 值≤1.4 或快速法试验合格	≤15.0
	MB 值>1.4 或快速法试验不合格	≤5.0
泥块含量		≤1.0

注：MB 值是指人工砂中亚甲蓝测定值。

4.1.4 铁尾矿砂中有害物质云母、轻物质、有机物、氯化物的限量应符合表 4.1.4 的规定。

表 4.1.4 有害物质限量（%）

类别项目	指标
云母（按质量计）	≤2.0
轻物质（按质量计）	≤1.0
有机物	合格
氯化物（以氯离子质量计）	≤0.02

4.1.5 铁尾矿砂中的硫化物及硫酸盐含量不得大于 0.5%（按 SO_3 质量计）。

4.1.6 铁尾矿砂的坚固性应符合下列规定：

1 采用硫酸钠溶液进行试验时，铁尾矿砂的质量损失不应大于 10%；

2 细砂的压碎指标不应大于 30%。

4.1.7 铁尾矿砂的碱集料反应试验后，试件应无裂缝、酥裂、胶体外溢现象，且在规定的试验龄期膨胀率应小于 0.10%。

4.1.8 铁尾矿砂的放射性应符合现行国家标准《建筑材料放射性核素限量》GB 6566 的有关规定。

4.1.9 铁尾矿砂的表观密度、松散堆积密度、含水率和饱和面干吸水率应符合现行国家标准《建设用砂》GB/T 14684 的有关规定。

4.2 铁尾矿混合砂

4.2.1 铁尾矿混合砂的颗粒级配应符合表 4.2.1 的规定。

表 4.2.1 铁尾矿混合砂的颗粒级配

筛孔的公称直径	铁尾矿混合砂
方筛孔	累计筛余（%）
4.75mm	10～0
2.36mm	25～0
1.18mm	50～10
600μm	70～41
300μm	92～70
150μm	94～80

注：1. 铁尾矿混合砂的实际颗粒级配除 4.75mm 和 600μm 筛档外，各级累计筛余超出值总和不应大于 5%；
2. 当铁尾矿混合砂的颗粒级配不符合本条规定时，宜采取相应的技术措施，经试验证明质量合格后方可使用。

4.2.2 铁尾矿混合砂的石粉含量和泥块含量应符合表 4.2.2 的规定。

表 4.2.2 铁尾矿混合砂的石粉含量和泥块含量（%）

项目		指标		
		≥C60	C55～C30	≤C25
石粉含量	MB 值≤1.4 或快速法试验合格	≤5.0	≤7.0	≤10.0
	MB 值>1.4 或快速法试验不合格	≤2.0	≤3.0	≤5.0
泥块含量		≤0.5	≤1.0	≤2.0

注：MB 值是指人工砂中亚甲蓝测定值。

4.3 试验

4.3.1 铁尾矿砂的取样方法与数量应符合现行国家标准《建设用砂》GB/T 14684 的有关规定。

4.3.2 铁尾矿砂的颗粒级配、石粉含量、泥块含量、有害物质、坚固性、表观密度试验方法应符合现行国家标准《建设用砂》GB/T 14684 的有关规定。在坚固性试验中，当特细砂的某一粒级颗粒质量不足试验规定量时，应取消该级试验。

4.3.3 铁尾矿砂的碱集料反应试验应符合现行国家标准《建设用砂》GB/T 14684 的有关规定，其中特细砂按规定应筛除大于 4.75mm 及小于 150μm 的颗粒，将剩余颗粒搅拌均匀后直接取样 990g（精确至 0.1g）进行试验。

4.3.4 铁尾矿砂的放射性试验方法应按现行国家标准《建筑材料放射性核素限量》GB 6566 的有关规定进行。

4.4 其他原材料

4.4.1 水泥应符合现行国家标准《通用硅酸盐水泥》GB 175 的有关规定。

4.4.2 粗集料应符合现行国家标准《建设用卵石、碎石》GB/T 14685 的有关规定。

4.4.3 粉煤灰应符合现行国家标准《用于水泥和混凝土中的粉煤灰》GB/T 1596 的有关规定，粒化高炉矿渣粉应符合现行国家标准《用于水泥和混凝土中的粒化高炉矿渣粉》GB/T 18046 的有关规定，硅灰应符合现行国家标准《砂浆和混凝土用硅灰》GB/T 27690 的有关规定。

4.4.4 外加剂应符合现行国家标准《混凝土外加剂》GB 8076、《混凝土外加剂应用技术规范》GB 50119 的有关规定。混凝土膨胀剂应符合现行国家标准《混凝土膨胀剂》GB 23439 的有关规定。防冻剂应符合现行行业标准《混凝土防冻剂》JC 475 的有关规定。外加剂应与铁尾矿砂、水泥和其他矿物掺和料有良好的适应性，并应经试验验证。

4.4.5 混凝土拌和用水应符合现行行业标准《混凝土用水标准》JGJ 63 的有关规定

5 混凝土配合比

5.1 一般规定

5.1.1 铁尾矿砂混凝土宜采用细度模数为 3.0～2.3 的铁尾矿混合砂作为细集料配制混凝土，不应单独采用铁尾矿特细砂作为细集料配制混凝土。

5.1.2 铁尾矿砂混凝土性能及试验方法，应符合现行国家标准《普通混凝土拌和物性能试验方法标准》GB/T 50080、《普通混凝土力学性能试验方法标准》GB/T 50081、《混凝土质量控制标准》GB 50164 和《普通混凝土长期性能和耐久性能试验方法标准》GB/T 50082 的有关规定

5.1.3 对有抗裂性能要求的铁尾矿砂混凝土，应通过混凝土抗裂性和早期收缩性能试验优选配合比。

5.1.4 对有耐久性要求的混凝土配合比设计，应符合现行国家标准《混凝土结构耐久性设计规范》GB/T 50476 的有关规定。

5.1.5 铁尾矿砂混凝土的氯离子含量和总碱量，应符合现行国家标准《混凝土结构设计规范》GB 50010 的有关规定。

5.2 配合比设计

5.2.1 铁尾矿砂配合比设计，应符合现行行业标准《普通混凝土配合比设计规程》GJ 55 的有关规定，混凝土性能应满足设计和施工要求。

5.2.2 铁尾矿砂混凝土的砂率应根据细度模数、石粉含量、水胶比经试验确定。石粉含量高的铁尾矿砂混凝土，宜采用砂石最大松散堆积容重法确定砂率。

5.2.3 配制相同强度等级的混凝土，铁尾矿砂混凝土的用水量宜在天然砂混凝土用水量的基础上增加，增加量应经试验确定。

5.2.4 配制相同强度等级的混凝土，铁尾矿砂混凝土的胶凝材料用量宜在天然砂混凝土胶凝材料用量的基础上增加，增加量应经试验确定。

5.2.5 配制高强度铁尾矿砂混凝土，水泥用量不宜大于 500kg/m^3，胶凝材料用量不宜大于 600kg/m^3。

5.2.6 采用外加剂时，铁尾矿砂混凝土拌和物的凝结时间应满足施工技术要求，并应进行混凝土拌和物坍落度经时损失试验，泵送施工时经时损失不宜大于 30mm/h。

6 混凝土生产与施工

6.1 一般规定

6.1.1 在铁尾矿砂混凝土生产和施工过程中，应对原材料的计量、混凝土搅拌、拌和物运输、混凝土浇筑、拆模及养护进行全过程控制。

6.1.2 铁尾矿砂混凝土的生产与施工应符合现行国家标准《混凝土质量控制标准》GB

50164 和《混凝土结构工程施工规范》GB 50666 的有关规定。

6.1.3 铁尾矿砂混凝土采用预拌混凝土时应符合现行国家标准《预拌混凝土》GB/T 14902 的有关规定。

6.1.4 铁尾矿砂混凝土在运输、输送、浇筑过程中不得加水。

6.2 生产

6.2.1 用于预拌混凝土的铁尾矿砂，应单独贮存。

6.2.2 混凝土其他原材料的贮存应符合现行国家标准《混凝土质量控制标准》GB 50164 的有关规定。

6.2.3 原材料贮存处应有明显标识，并应注明材料的品名、厂家等级、规格。

6.2.4 原材料计量设备应符合法定计量要求，精度应符合现行国家标准《混凝土搅拌站（楼）》GB 10171 的有关规定。

6.2.5 铁尾矿砂和其他原材料计量的允许偏差应符合现行国家标准《混凝土质量控制标准》GB 50164 的有关规定。

6.2.6 应根据铁尾矿砂的含水率变化及时调整混凝土的生产配合比。

6.2.7 铁尾矿砂混凝土搅拌机应符合下列规定：

1 搅拌机应符合现行国家标准《混凝土搅拌机》GB/T 9142 的有关规定；

2 搅拌铁尾矿砂混凝土宜采用强制式搅拌机。

6.2.8 铁尾矿砂混凝土的搅拌时间应在天然砂混凝土搅拌时间的基础上延长。

6.3 施工

6.3.1 采用搅拌运输车运送的混凝土，应控制混凝土运至浇筑地点后不离析、不分层，使混凝土拌和物性能满足施工要求。

6.3.2 泵送混凝土运送至浇筑地点，坍落度损失较大不能满足泵送要求时，不得直接使用。

6.3.3 浇筑大体积混凝土时，应采取温控措施，混凝土温差控制在设计要求的范围之内；混凝土温差设计无要求时，应符合现行国家标准《大体积混凝土施工规范》GB 50496 的有关规定。

6.3.4 冬期施工时，混凝土拌和物入模温度不应低于 5℃，并应采取相应保温措施。

6.3.5 铁尾矿砂混凝土振捣密实后，宜采用机械抹面或人工抹压，抹压后应及时进行保湿养护。

6.3.6 对添加膨胀剂的铁尾矿砂混凝土，养护龄期不应小于 14d；冬期施工时，墙体带膜养护不应小于 7d。

6.3.7 当风速大于 5m/s 时，铁尾矿砂混凝土浇筑和养护宜采取挡风措施。

6.3.8 铁尾矿砂混凝土养护用水应符合现行行业标准《混凝土用水标准》JGJ 63 的有关规定。

7 质量检验与验收

7.1 原材料质量检验

7.1.1 混凝土原材料进场时，应按规定批次验收形式检验报告、出厂检验报告、质量合格证明文件，外加剂产品还应具有使用说明书。

7.1.2 原材料应进行进场检验，在混凝土生产过程中，宜对混凝土原材料进行随机抽检；检验应符合现行国家标准《混凝土质量控制标准》GB 50164 的有关规定。

7.1.3 铁尾矿砂进场检验和生产过程抽检的项目应包括颗粒级配、细度模数、压碎指标，泥块含量、石粉含量、亚甲蓝试验和吸水率；对于有抗渗、抗冻要求的混凝土，还应检验其坚固性；对于有预防混凝土碱骨料反应要求的混凝土，还应进行碱活性试验。

7.1.4 铁尾矿砂检验规则应符合下列规定：

1 同一厂家、同一矿源的铁尾矿砂，一个检验批不应大于600t；

2 同一厂家、同一矿源的铁尾矿砂，当连续3次进场检验均一次检验合格时，后续的检验批量可扩大一倍。

7.1.5 原材料的质量要求应符合本规范第4章的规定。

7.2 混凝土拌和物性能检验

7.2.1 混凝土拌和物性能应满足设计和施工要求。混凝土拌和物应具有良好的工作性，并不得离析和泌水。

7.2.2 在生产和施工过程中，应在搅拌地点和浇筑地点分别对混凝土拌和物流动性、黏聚性和保水性进行抽样检验。

7.2.3 对于铁尾矿砂混凝土拌和物流动性、黏聚性和保水性项目，每工作班应至少检验2次。

7.3 硬化混凝土性能检验

7.3.1 铁尾矿砂混凝土强度检验评定应符合现行国家标准《混凝土强度检验评定标准》GB/T 50107的有关规定，其他力学性能检验应符合设计要求。

7.3.2 铁尾矿砂混凝土耐久性能检验评定和长期性能检验规则应符合现行行业标准《混凝土耐久性检验评定标准》GJ/T 193的有关规定。

7.4 混凝土工程验收

7.4.1 铁尾矿砂混凝土工程施工质量验收应符合现行国家标准《混凝土结构工程施工质量验收规范》GB 50204的有关规定。

7.4.2 铁尾矿砂混凝土工程验收时，应符合本规范对混凝土长期性能和耐久性能的规定。

8 安全与环保

8.0.1 在铁尾矿砂混凝土生产和施工前应编制安全管理计划，制订安全措施。

8.0.2 建筑材料堆放场地应合理划分区域，材料应安全、整齐堆放，不得超高，且应悬挂标识牌。

8.0.3 混凝土输送泵及布料设备的安装、使用，应符合设备安装、使用说明书的规定。

8.0.4 生产企业在取砂、运输及储存时应采取合理的保护措施，以避免遗撒、粉尘飞扬等污染环境的现象发生。

8.0.5 对生产和施工过程中产生的污水应采取沉淀、隔油措施进行处理，不得直接排放。

8.0.6 在生产和施工中污染物的排放应符合现行国家标准《大气污染物综合排放标准》GB 16297的有关规定。

8.0.7 施工作业应采取有效的隔声、消声、绿化措施降低噪声的排放，噪声的排放应符合现行国家标准《建筑施工场界环境噪声排放标准》GB 12523的有关规定

8.0.8 生产和施工过程中，应采取建筑垃圾减量化措施。对产生的建筑垃圾，应进行分类、统计和处理。

尾矿堆积坝岩土工程技术规范 GB 50547—2010

1 总则

1.0.1 为在尾矿堆积坝岩土工程工作中贯彻执行国家有关的技术经济政策，做到安全适用，技术先进，经济合理，确保质量，保护环境，制定本规范。

1.0.2 本规范适用于尾矿堆积坝的勘察、评价、监测和治理。

1.0.3 尾矿堆积坝在堆筑运行过程中必须进行岩土工程勘察。

1.0.4 本规范规定了尾矿堆积坝岩土工程勘察、评价、监测和治理的基本技术要求。当本规范与国家法律、行政法规的规定相抵触时，应按国家法律、行政法规的规定执行。

1.0.5 尾矿堆积坝的勘察、评价、监测和治理除应符合本规范的规定外，尚应符合国家现行有关标准的规定。

2 术语

2.0.1 尾矿　tailings

选矿和工业生产中形成的细粒或粗粒的，采用水力输送排放，可用土的特征描述的固体物质。本规范中尾矿还包括铝土矿提取氧化铝后的固体废弃物赤泥。

2.0.2 尾矿库　tailings pond

筑坝拦截谷口或围地构成的用以贮存尾矿的场所。堆存赤泥的常称为堆场。

2.0.3 初期坝　starter dam

用土、石材料筑成的，作为堆积坝的排渗或支撑体的坝。

2.0.4 尾矿堆积坝（堆积坝）　tailings embankment（embankment）

生产过程中在初期坝坝顶以上用尾矿冲积堆筑而成的坝。

2.0.5 尾矿坝　tailings dam

挡尾矿和水的尾矿库外围构筑物，常泛指尾矿库初期坝和堆积坝的总体。

2.0.6 全库容　the whole reservoir capacity

尾矿坝某标高顶面、下游坡面及库底面所围的容积，包括有效库容、死水库容、蓄水库容、调洪库容和安全库容五个部分。设计最终堆积高程时的全库容称为总库容。

2.0.7 沉积滩　deposited beach

尾矿冲积形成的沉积体表层。其露出水面的部分称为干滩或干面滩。

2.0.8 滩长（干滩长度）　beach length

由滩顶至库内水边长的水平距离。设计最高洪水位时的滩长称作最小滩长。

2.0.9 滩顶　beach crest

沉积滩面与堆积坝外坡的交线，为沉积滩的最高点

2.0.10 浸润线　seepage line

库区内的水体向坝体下游方向渗流时，在坝体内形成的自由水位。

2.0.11 堆积高度　accumulation height

尾矿堆积坝坝顶与初期坝坝顶的高差。

2.0.12 坝高 height of dam

堆积坝坝顶与初期坝坝轴线处坝底的高差。达到设计最终堆积高程时的坝高称为总坝高。

3 基本规定

3.0.1 尾矿堆积坝岩土工程勘察（以下简称“堆积坝勘察”）应依据委托单位提供的勘察任务书进行。任务书的内容应符合本规范附录A的要求。

3.0.2 堆积坝勘察可根据尾矿库等别确定其勘察等级。Ⅰ等至Ⅲ等尾矿库的堆积坝勘察等级宜定为甲级，其余可定为乙级。

3.0.3 尾矿库等别应根据该期的全库容和坝高按表3.0.3-1确定，尾矿堆积坝的级别应根据尾矿库的等别按表3.0.3-2确定。

表3.0.3-1 尾矿库等别

等别	全库容 V（$\times10^6m^3$）	坝高 H（m）
Ⅰ	Ⅱ等库具备提高等别条件者	
Ⅱ	$V\geqslant100$	$H\geqslant100$
Ⅲ	$10\leqslant V<100$	$60\leqslant H<100$
Ⅳ	$1\leqslant V<10$	$30\leqslant H<60$
Ⅴ	$V<1$	$H<30$

注：1. 当库容与坝高指标分属不同等别时，按高的等别；当等别相差大于1时，按高等别降低1等；

2. 当尾矿库失事将使下游的重要城镇、工矿企业或铁路干线遭受严重灾害者，可按本表确定的等别提高1等。

表3.0.3-2 尾矿堆积坝级别

尾矿库等别	Ⅰ	Ⅱ	Ⅲ	Ⅳ	Ⅴ
尾矿堆积坝级别	1	2	3	4	5

3.0.4 堆积坝勘察应分别在堆积至总坝高的1/3和2/3时进行，对总坝高小于30m的堆积坝可减少勘察次数。坝的堆筑运行有异常情况时应随时进行勘察。闭库勘察宜在闭库前或闭库时进行。

3.0.5 尾矿可根据其粒度成分和塑性指数按表3.0.5确定其类别和名称，尾矿的性状可根据其分类参照国家现行有关标准中相应土类的性状进行描述。对烧结法赤泥除按表3.0.5分类外，还可根据其固化程度划分为固化、半固化和未固化。

表3.0.5 尾矿分类

类别	名称	分类标准
砂性尾矿	尾砾砂	粒径大于2mm的颗粒质量占总质量的25%～50%
	尾粗砂	粒径大于0.5mm的颗粒质量超过总质量的50%
	尾中砂	粒径大于0.25mm的颗粒质量超过总质量的50%
	尾细砂	粒径大于0.075mm的颗粒质量超过总质量的85%
	尾粉砂	粒径大于0.075mm的颗粒质量超过总质量的50%

续表

类别	名称	分类标准
粉性尾矿	尾粉土	粒径大于0.075m的颗粒质量不超过总质量的50%，且塑性指数不大于10
黏性尾矿	尾粉质黏土	塑性指数大于10，且小于或等于17
	尾黏土	塑性指数大于17

注：1. 定名时应根据颗粒级配由大到小以最先符合者确定；
2. 塑性指数应由相应于76g圆锥仪沉入土中深度为10mm时测定的液限计算而得。

4 勘察工作布置

4.1 一般规定

4.1.1 堆积坝勘察应在明确勘察目的和技术要求、现场踏勘、搜集和分析已有资料的基础上，编制勘察纲要。

4.1.2 堆积坝勘察手段应以工程地质调查和测绘、钻探、原位测试和室内试验为主，必要时尚应采用适宜的物探、井探和槽探等方法。

4.1.3 原位测试与室内试验的项目、方法和条件应根据设计要求、工程特点和尾矿类别确定。

4.1.4 除长期观测孔外，坝体上所有钻孔和探井使用完毕后均必须进行封堵回填。

4.1.5 当尾矿土、水含有害物质时，应对现场作业人员和设备仪器采取有效的防护措施。

4.2 资料搜集与工程地质测绘

4.2.1 堆积坝勘察前应全面搜集、整理和分析与该堆积坝有关的资料。搜集资料应包括以下内容：

1 尾矿的原矿类别，选矿方法与工艺，尾矿的矿物成分和化学成分，尾矿的颗粒组成等。

2 初期坝的结构形式，反滤和排渗设施的设置及其运行情况。

3 尾矿库的设计参数及使用后尾矿排放堆积方式、逐年堆积高度和运行情况，沉积滩的分布及其变化情况。

4 堆积坝及其附近其他构筑物分布情况。

5 堆积坝所在地区的区域地质、水文地质和地震地质资料，水文气象资料，前期勘察资料。

6 堆积坝的变形、浸润线、排渗及溢流等方面的监测设施设置情况及观测数据，堆积坝渗漏情况及邻近区域的环境质量。

7 类似堆积坝的工程经验资料。

4.2.2 工程地质测绘和调查的范围应包括堆积坝及其有关的外围。测绘的比例尺和精度应符合下列规定：

1 坝区及复杂地段工程地质测绘比例尺宜采用1：500～1：2000，有关的外围地段的比例尺宜为1：2000～1：5000。

2 对堆积坝有重大影响的坝的变形、裂缝、渗漏、流土、管涌等现象及滑坡、断层、软弱夹层、洞穴等地质单元体，可扩大比例尺表示。

3 地质界线和地质观测点测绘精度在相应比例尺图上的误差不应超过3mm。

4.2.3 地质观测点的布置、密度和定位应符合下列规定：

1 地质观测点宜按网状布置，对堆积坝有重大影响的地质单元体的点和边界应设地质观测点。

2 地质观测点的密度应根据场地工程地质条件复杂程度确定，在图上的间距宜为20mm～50mm。

3 地质观测点应采用测量仪器定位。

4.3 勘探与取样

4.3.1 勘探手段应以钻探、标准贯入试验和静力触探试验为主，每个勘探点均应布置钻孔，钻探工作应符合本规范附录B的要求。

4.3.2 当工程需要时，可布置适量的探井和探槽。

4.3.3 当需要查明隐伏断层的位置、破碎带的宽度、岩溶发育情况及水文地质条件等时，应进行必要的物探工作。

4.3.4 勘探线应在工程地质调查和测绘的基础上，布置在对坝体稳定性评价有代表性的地段，勘探线方向宜垂直坝轴线。每个堆积坝应在预估稳定性较差的地段布置不少于1条的主要勘探线，其下游端宜达到初期坝趾下游约30m，其上游端宜达到自坝顶起相当于拟评价坝高2倍～3倍的距离。其他勘探线的长度可按实际条件控制。

4.3.5 尾矿堆积坝勘察在主坝的勘探线数量不应少于3条。

4.3.6 拦截谷口建库的堆积坝的勘探线、勘探点间距宜符合表4.3.6的规定。

表4.3.6 勘探线、勘探点间距

尾矿坝级别	勘探线间距（m）		勘探点间距（m）	每条勘探线上勘探点数量
	坝体以粉性、黏性尾矿为主	坝体以砂性尾矿为主		
1～3	≤200	≤250	30～60	不宜少于6个
4、5	≤100	≤150	20～50	不宜少于5个

注：1. 勘探点间距在主要勘探线上宜取小值，一般勘探线上的坝体地段宜取小值；
2. 当存在软弱夹层，特别是可能产生滑动的夹层时，应增加勘探点；
3. 当需查明初期坝的工程地质和水文地质条件时，在初期坝地段应符合初期坝勘察的要求；
4. 当有适用的前期堆积坝勘察资料时，勘探点数量可适当减少。

4.3.7 围地筑坝建库的堆积坝勘探线应布置在需评价的各坝段，主坝勘探线数量应符合本规范第4.3.5条的规定，其他坝段不得少于2条；勘探点间距宜符合本规范表4.3.6的规定。

4.3.8 勘探孔深度应符合下列规定：

1 控制性勘探孔不应少于勘探孔总数的1/2，且每条勘探线上不应少于3个。

2 所有勘探孔深度应进入原天然地面以下1m～2m，其中控制孔深度应满足表4.3.8的规定。

表 4.3.8 控制性勘探孔深度（进入原天然地面以下）(m)

尾矿坝级别	下游坝坡	沉积滩
1～3	15～20	5～8
4、5	10～15	3～5

注：1. 若表中所列勘探孔深度以下存在软弱地层时，勘探孔深度应穿过软弱地层；
2. 在勘探深度内遇见稳定基岩时，孔深可减小；
3. 场地内存在岩溶等不良地质作用时，勘探点深度应另行确定；
4. 当坝体和堆场内设有加筋或防渗层时，勘探孔深度可根据情况进行调整。

4.3.9 所有勘探点均应测定地下水位，地下水位的量测应符合下列规定：

1 遇地下水时应量测水位。

2 稳定水位应在初见水位后经一定的稳定时间再量测。

4.3.10 采取岩土试样应符合下列规定：

1 所有钻孔和探井均应取样。对以粉性和黏性为主的尾矿应采用薄壁取土器或回转取土器采取不扰动试样，对砂性为主的尾矿土应采用取砂器采取不扰动试样；取样的垂直间距宜为1.0m～3.0m。

2 每一主要尾矿层和土层的不扰动试样数量应满足试验项目和统计分析的需要。

3 对软弱夹层，特别是可能产生滑动的夹层，应采取试样。

4 当尾矿层和岩土层不均匀时，应增加取样数量。

5 所有标准贯入试验点均应采取扰动试样。

6 堆积坝场地应采取水、土试样，并进行水、土对建筑材料腐蚀性的试验，水、土试样数量分别不宜少于3件。

4.4 原位测试与试验

4.4.1 静力触探试验应按下列规定布置：

1 在主要勘探线上，应有不少于1/2勘探点进行静力触探试验，在其他勘探线上可适量布置静力触探试验；静力触探试验孔与钻孔间距不宜大于1.5m。

2 静力触探试验孔深度宜穿过可能滑动面。

3 静力触探试验宜在钻探和十字板剪切试验之前进行。

4.4.2 标准贯入试验应按下列规定布置：

1 标准贯入试验孔数量不应少于钻孔数量的1/2，钻孔中各类土层均应进行标准贯入试验。

2 标准贯入试验点的垂直间距宜为1.0m～1.5m。

4.4.3 圆锥动力触探试验应按下列规定布置：

1 对碎石土，可进行重型或超重型圆锥动力触探试验。

2 每条勘探线的试验孔不宜少于2个。

4.4.4 十字板剪切试验应按下列规定布置：

1 对堆积的尾矿中具有饱和软黏土特征的尾黏土或尾粉质黏土，宜进行十字板剪切试验，测定其不排水抗剪强度和灵敏度。

2 十字板剪切试验测点竖向间距宜为1m。

4.4.5 现场直接剪切试验应按下列规定布置：

1 现场直接剪切试验可在堆积坝下游坡面或干面滩上选择适宜的地点进行。

2 同类尾矿的现场直接剪切试验数量不宜少于3处。

4.4.6 波速测试应按下列规定布置：

1 在地震动峰值加速度等于或大于0.10g的地区，应进行单孔波速测试。

2 波速测试应在主要勘探线钻孔中全孔段进行，测试孔数量不得少于3个，测点间距宜为1m～2m。

4.4.7 堆积坝勘察应采用抽水试验或注水试验测定尾矿土的渗透系数，并应按下列规定布置：

1 在沉积滩上宜进行不少于3处的抽水试验或注水试验。

2 在以砂性和粉性为主的尾矿层中，宜采用抽水试验。

3 注水试验可在探井或钻孔中进行。

4.4.8 尾矿应按其类别分别进行一般物理力学性质的试验，并应按工程要求进行以下项目的试验：

1 当进行堆积坝抗滑稳定性分析时，应根据计算方法和土的类别按本规范表6.0.5的要求进行三轴压缩试验和直剪试验。

2 当需要进行坝的沉降变形计算时，应对坝体和坝基土层进行固结试验

3 各类尾矿应进行垂直和水平方向的渗透试验。

4 当场地处于地震动峰值加速度等于或大于0.10g地区时，应对尾矿和坝基土进行动力性质试验。

5 原位测试与室内试验

5.1 一般规定

5.1.1 原位测试与室内试验的试验项目、试验方法、试验条件应根据勘察技术要求和尾矿的特征确定。

5.1.2 室内试验的样品宜采用天然结构的试样，制样前应进行原状样的质量鉴定。

5.1.3 尾矿的室内物理力学性质试验应在工程现场进行。

5.1.4 原位测试和室内试验的设备、试验操作应符合国家现行有关标准的规定。

5.2 静力触探试验

5.2.1 静力触探试验适用于砂性、粉性、黏性尾矿。

5.2.2 静力触探试验应符合下列技术要求：

1 静力触探可根据工程需要采用单桥探头、双桥探头或带孔隙水压力量测的单、双桥探头，测定尾矿土的比贯入阻力（p_s）、锥尖阻力（q_c）、侧壁摩阻力（f_c）和贯入时的孔隙水压力（u）。

2 选择试验设备时，其贯入的能力应满足探测深度的要求。

3 试验时应匀速垂直压入，贯入速率为1.2m/min。

5.2.3 静力触探试验成果整理应包括下列内容：

1 绘制各种测试指标与深度的关系曲线和孔隙水压力消散曲线。

2 根据贯入曲线的特征，结合相邻钻孔资料，判别和划分土层。计算相关测试数据的平均数，对数据进行统计分析，确定各土层的静力触探测试指标。

5.3 圆锥动力触探试验

5.3.1 圆锥动力触探试验适用于初期坝筑坝的碎石土、坝基和库底碎石土、极软岩的测试。

5.3.2 圆锥动力触探试验应符合下列技术要求：

1 冲击方式应采用自动脱钩落锤装置。

2 触探杆最大偏斜度不应超过2%，试验过程中应控制探杆的偏斜和侧向晃动。锤击速率宜每分钟15击～30击。

3 当重型动力触探连续三次 $N_{63.5}>50$ 时，可停止试验或改用超重型动力触探试验。

5.3.3 圆锥动力触探试验成果整理应包括下列内容：

1 绘制单孔触探试验锤击数与贯入深度关系曲线。

2 分层统计触探贯入锤击数的平均值，统计时应对异常值分析原因并权衡剔除。

5.4 标准贯入试验

5.4.1 标准贯入试验适用于砂性、粉性和黏性尾矿。

5.4.2 标准贯入试验应符合下列技术要求：

1 试验应提供标准贯入试验的锤击数。

2 在孔壁不稳定时宜采取套管护壁或泥浆护壁的回转钻进法钻进，钻至试验标高以上15cm处，应清除孔底残土再进行试验。

5.4.3 标准贯入试验成果整理应包括下列内容：

1 绘制单孔标准贯入锤击数与深度关系的直方图或将锤击数直方图标注在钻孔柱状图及工程地质剖面图的相应深度上。

2 分层统计标准贯入锤击数 N 值的平均值，统计时应对异常值分析原因并权衡剔除。

5.5 十字板剪切试验

5.5.1 十字板剪切试验适用于饱和软黏性尾矿层中进行不排水抗剪强度和灵敏度测试。

5.5.2 十字板剪切试验应符合下列技术要求：

1 当尾矿堆积层中存在厚度大于0.5m的饱和软、流塑状态黏性尾矿或地基中存在软土时，宜在钻孔中进行十字板剪切试验，测定其不排水抗剪强度及灵敏度。

2 对均质土层，十字板剪切试验点竖向间距宜为1.0m～1.5m，同一层位测定总数不宜少于3个；对非均质或夹薄层粉性、砂性尾矿的层位，宜先做静力触探，结合土层变化，选择软黏土部位进行试验。

3 当试验点的深度超过10m时，应注意安装好导正系统及测试设备，拧紧接箍，消除人为与机械误差。

5.5.3 十字板剪切试验整理成果应包括下列内容：

1 计算各试验点饱和软、流塑状态黏性尾矿或坝基软土的不排水抗剪峰值强度、残余强度和灵敏度。

2 根据土层条件和工程经验，对实测的十字板不排水抗剪强度进行修正。

3 绘制单孔不排水峰值强度、残余强度和灵敏度随深度的变化曲线；需要时，绘制抗剪强度与扭剪角的关系曲线。

5.6 现场直剪试验

5.6.1 现场直剪试验适用于尾矿层、尾矿软弱夹层的接触面、库岸基底地层的软弱结构面的剪切试验。

5.6.2 现场直剪试验应符合下列技术要求：

1 试验的场地应根据尾矿的沉积特征或库岸基底软弱层结构面的展布状态，选择具有代表性的地段进行试验。

2 试验的剪切方向应与岩土体可能发生的滑动方向一致。

3 每组的试验不应少于3个试验点，每一组的各试验点岩性应基本相同，试体的高度不宜小于20cm，剪切面积不宜小于0.25m^2。

4 最大正应力应大于该滑动面上最大法向压力。

5.6.3 现场直剪试验成果整理应包括下列内容：

1 绘制剪应力与垂直应力关系曲线、剪应力与剪切位移关系曲线。

2 确定强度参数。

5.7 波速测试

5.7.1 波速测试适用于各类尾矿堆积层及坝基各类天然土层的压缩波、剪切波的波速测定，以获得各岩土层的动力参数。

5.7.2 波速测试应符合下列技术要求：

1 波速测试可根据任务要求采用单孔法、跨孔法。

2 测点宜布设在孔内地层岩性交界面处，当层厚较大时，可在层中部增加测点，测点间距宜为1.0m～3.0m。

5.7.3 波速测试成果整理应包括下列内容：

1 按不同深度提出各测孔的压缩波、剪切波波速v_P、v_S；

2 计算各岩土层的动弹性模量、动剪切模量和动泊松比。

5.8 抽水试验

5.8.1 抽水试验适用于获得尾矿的综合渗透系数、涌水量、影响半径及下降漏斗的形态等水文地质参数。

5.8.2 抽水试验应符合下列技术要求：

1 抽水试验可根据场地条件，选择稳定流或非稳定流的试验方法。稳定流试验宜做三次降深；非稳定流试验，其出水量应保持常量。

2 当水位较深、水量不大时，可选择用抽筒提水进行简易抽水试验。

3 观测孔宜垂直和平行地下水流向各布一条观测线，每条观测线宜布置1个～3个孔。观测孔与抽水孔的距离应根据含水层的厚度、透水性能等确定。

4 试验期间，应对坝体上的钻孔水位及库内水位、库坡渗水点进行静水位、动水位、恢复水位的测量。

5.8.3 抽水试验成果整理应包括下列内容：

1 抽水试验成果应编制抽水试验综合图，内容包括钻孔平面位置、钻孔柱状图、抽水钻孔结构图以及涌水量Q与时间t关系曲线$Q=f(t)$、水位降深S与时间t关系曲线$S=f(t)$、涌水量Q与降深S关系曲线$Q=f(S)$、单位涌水量q与降深S关系曲线$q=f(S)$。

2 根据上述成果和水文地质条件，计算影响半径和渗透系数。

5.9 注水试验

5.9.1 试坑注水试验适用于测定尾矿层的垂直渗透系数，钻孔注水试验适用于测定尾矿土层的垂直渗透系数和水平渗透系数。

5.9.2 注水试验应符合下列技术要求：

1 当尾矿层位于地下水位以上，且地下水埋深大于5m时，可采用试坑注水法；对砂性尾矿宜采用单环注水法；对黏性、粉性尾矿宜采用双环自流注水法。

2 对地下水位以上或以下的渗透性较弱的粉性、黏性或砂性尾矿土宜采用钻孔降水头注水法，对地下水位以下渗透性较强的砂性尾矿、初期坝堆积层宜采用钻孔常水头注水法。

5.9.3 注水试验成果整理应包括下列内容：

1 试坑单环法和试坑双环法的成果整理应绘制稳定流量 Q 与时间 t 关系曲线 $Q=f(t)$，并计算试验土层的垂直渗透系数 k。

2 钻孔降水头法应绘制水头高度 H 与初始水头高度 H_0 之比 H/H_0 与时间 t 的关系曲线，确定滞后时间 T；钻孔常水头法应绘制流量 Q 与时间 t 的关系曲线，确定稳定流量。两种方法各根据试验段的渗水方式和试验装置条件计算试验段尾矿层的水平渗透系数 k_h、垂直渗透系数 k_v 和平均有效渗透系数 k_m。

5.10 室内物理力学性质试验

5.10.1 颗粒分析试验应根据尾矿类别采用筛析法、沉淀法、密度计法、移液管法进行试验，分析的最小粒径应至 0.002mm，并应提供平均粒径、有效粒径、不均匀系数。

5.10.2 尾矿的垂直、水平渗透试验，应分别沿垂直、平行尾矿自然沉积层理的方向进行，测定尾矿的垂直渗透系数和水平渗透系数。

5.10.3 土的固结试验应根据工程要求确定试验方法，并提供下列成果：

1 当采用压缩模量进行沉降计算时，应进行压缩试验，最大压力应与最终坝高相适应，并提供 $e—p$ 曲线及各压力段的压缩系数和压缩模量。

2 当考虑土的应力历史进行沉降计算时，应进行先期固结压力试验，最大压力应满足 e-lg$p$ 曲线下段出现较长的直线段，提供 e-lg$p$ 曲线及土的先期固结压力、压缩指数与回弹指数。

3 当需要进行沉降历时分析时，应进行固结系数试验，提供相关土层的固结系数。

5.10.4 尾矿的三轴压缩试验应根据计算分析模型选择适用的试验方法，并应符合下列要求：

1 当按总应力法时，应采用固结不排水剪（CU）；当按有效应力法时，应采用固结不排水剪测孔压（$\overline{CU}$），对砂性尾矿应采用固结排水剪（CD）。

2 试验应采用不少于 3 种小主应力 σ_3，其中最大的小主应力应与拟分析的坝高的自重应力相当。

3 三轴压缩试验应根据分析计算的要求提供各试验方法相应的应力应变曲线和强度包线，提供相应的强度指标，以及计算模型所需其他各项参数值。

5.11 室内动力试验

5.11.1 测定尾矿的动力性质应采用振动三轴仪或共振柱。测定小应变范围内的动力特性参数宜采用共振柱试验，测定较大应变范围内的动力特性参数宜采用动三轴试验。

5.11.2 砂性尾矿的动力性质试验可采用扰动土制备试样。试样制备时采用的干密度、含水率应根据不扰动样的试验成果确定。

5.11.3 动力性质试验应符合下列规定：

1 动强度试验的固结比宜采用 1.0、1.5、2.0；最小主应力可采用 100kPa、200kPa、300kPa，振动破坏周次可采用 10 周、20 周、30 周。

2 测定液化应力比时，采用的最小主应力宜与可能液化层位深度的应力相适应。

3 测定动弹性模量和阻尼比时，采用的最小主应力宜与坝高相适应。

4 共振柱试验的围压应根据工程实际确定，宜采用 50kPa、100kPa、200kPa、400kPa。

5.11.4 尾矿的动力试验成果宜包括下列内容：

1 动弹性模量、动剪切模量、阻尼比、动强度、液化应力比等参数。

2 动三轴试验提供动弹性模量，阻尼比与动应变的关系曲线，不同固结比和振次的动应力和动应变关系曲线，饱和土的液化应力比与振次关系曲线。

3 共振柱试验提供小应变时的动剪切模量、动弹性模量和阻尼比。

6 岩土工程分析评价

6.0.1 岩土工程的分析评价应在工程地质测绘、勘探和取样、原位测试、室内试验的基础上结合尾矿堆积坝的特点和要求进行。

6.0.2 岩土工程分析评价应根据堆积坝的勘察成果，结合尾矿的沉积规律进行概化分区，并根据工程需要选用适宜的分析计算方法。尾矿和坝基土的各项物理力学参数应按概化分区进行统计。

6.0.3 尾矿堆积坝的岩土工程分析评价应包括渗流稳定性分析、静力稳定性分析；在地震动峰值加速度不小于0.10g的地区还应包括动力稳定性分析和液化稳定分析。

对地震动峰值加速度小于0.10g的地区的5级尾矿堆积坝，当坝外坡比小于1∶4时，除尾黏土和尾粉质黏土组成的堆积物以及软弱坝基外，可不进行稳定性计算。

6.0.4 坝体稳定性计算应选取不少于两个筑坝高度分别进行计算，第一计算阶段应为勘察时的已有坝高，第二计算阶段为最终设计坝高。此外，尚应根据设计要求对其他条件下堆积坝的稳定性进行分析计算。

6.0.5 尾矿堆积坝岩土工程分析应按所采用的分析方法选取相应的各项岩土工程参数。尾矿和坝基土的抗剪强度指标应根据计算方法和土的类别按表6.0.5选取。

表6.0.5 尾矿及坝基土的抗剪强度指标

强度计算方法	土的类别	试验方法和强度指标	试样起始状态
总应力法	无黏性土	固结不排水剪，c_{cu}、ϕ_{cu}	1. 坝体材料 含水量及密度宜与原状样一致； 浸润线以下应预先饱和； 试验应力应与坝体实际应力一致。 2. 坝基应采用原状土样
	少黏性土	固结快剪，c、ϕ	
		固结不排水剪，c_{cu}、ϕ_{cu}	
	黏性土	固结快剪，c、ϕ	
		固结不排水剪，c_{cu}、ϕ_{cu}	
有效应力法	无黏性土	慢剪，c、ϕ	
		固结排水剪，c_d、ϕ_d	
	黏性土	慢剪，c、ϕ	
		固结不排水剪，测孔压，c_{cu}、ϕ_{cu}，c'、ϕ'	

注：1. 少黏性土指黏粒含量小于15%的尾矿；

2. 软弱尾黏土类黏性土采用固结快剪指标时，应根据其固结程度确定；当采用十字板抗剪强度指标时，应考虑土体固结后强度的增长。

6.0.6 抗滑稳定性计算参数选取尚应符合下列规定：

1 洪水运行条件下应采用浸润线调整后的指标。

2 计算参数除应考虑试验室与原位实测数据外，还应结合有关工程经验数据和通过反分析确定。

6.0.7 尾矿堆积坝应进行渗流稳定分析，并应包括以下内容：

1 确定堆积坝体的浸润线及其下游可能出逸点的位置。

2 计算坝体和坝基的渗流量。

3 当发生坝坡或坝基浸润线出逸时，应确定渗透流量，评价产生管涌、流土的可能性，评价其出逸比降以及堆积坝中不同尾矿土层之间的渗透比降。

6.0.8 渗流计算应考虑尾矿筑坝时放矿方式的影响。对1级～3级堆积坝宜采用二维或三维有限元法等数值分析方法进行渗流分析，山区尾矿库渗流分析宜进行三维有限元法计算或由模拟试验确定。对4级、5级堆积坝的渗流可根据排渗条件采用二维渗流计算方法进行近似计算或按国家现行有关标准的规定进行计算。

6.0.9 尾矿堆积坝的静力稳定性分析宜采用计及条块间作用力的简化毕肖普法，也可采用不计条块间作用力的瑞典圆弧法。对1级～3级堆积坝尚宜选用适宜的模型进行二维或三维有限元法的应力应变分析。

6.0.10 尾矿堆积坝进行稳定性分析和评价时应根据要求采用正常运行、洪水运行和特殊运行三种不同条件分别计算，各种计算条件下的荷载组合应根据运行情况按表6.0.10采用。

表6.0.10 不同计算条件的荷载组合

计算条件＼荷载类别		1	2	3	4	5
正常运行	总应力法	有	有			
	有效应力法	有	有	有		
洪水运行	总应力法		有		有	
	有效应力法		有	有	有	
特殊运行	总应力法		有		有	有
	有效应力法		有	有	有	有

注：荷载类别表示如下：1—筑坝期正常高水位的渗透压力；2—坝体自重；3—坝体及坝基中的超静孔隙水压力；4—最高洪水位有可能形成的稳定隙透压力；5—地震荷载。

6.0.11 当采用简化毕肖普法计算时，坝坡抗滑稳定安全系数 K 不应小于表6.0.11-1规定的数值；当采用瑞典圆弧法计算时，坝坡抗滑稳定安全系数 K 不应小于表6.0.11-2规定的数值。

表6.0.11-1 坝坡抗滑稳定最小安全系数（简化毕肖普法）

计算条件＼坝的类别	1	2	3	4、5
正常运行	1.50	1.35	1.30	1.25
洪水运行	1.30	1.25	1.20	1.15
特殊运行	1.20	1.05	1.15	1.10

表 6.0.11-2 坝坡抗滑稳定最小安全系数（瑞典圆弧法）

坝的类别 计算条件	1	2	3	4、5
正常运行	1.30	1.25	1.20	1.15
洪水运行	1.20	1.15	1.10	1.05
特殊运行	1.10	1.05	1.05	1.00

6.0.12 尾矿堆积坝的动力稳定性分析可采用拟静力法进行计算，对 1 级～3 级尾矿堆积坝尚宜采用二维或三维有限元法进行动力分析。

6.0.13 当采用有限元法进行坝体静力或动力的应力应变分析时，单元划分除应考虑概化尾矿分层界面外，还应结合监测成果考虑浸润线位置，荷载中还应考虑渗透压力；选择的计算模型应与试验统计模型相对应。

6.0.14 尾矿的液化判别和评价可按现行国家标准规定的方法执行。对 4 级、5 级尾矿堆积坝的液化分析可采用一维简化动力法计算，对 1 级～3 级尾矿堆积坝可采用二维时程分析法计算。

7 勘察文件编制

7.0.1 勘察报告应在原始资料整理、检查和分析的基础上编制，应做到资料齐全、论证有据、评价正确、建议合理

7.0.2 岩土工程勘察报告应根据任务要求、工程特点、地质条件和所需要评价的问题进行编制，并包括下列内容：

1 工程概况，包括尾矿堆积坝的设计参数、现状条件和运行状况等。

2 勘察技术要求、勘察工作实施的依据和技术标准。

3 勘察方法和勘察工作量。

4 场地位置、地形、地貌及区域地质概况。

5 坝址的工程地质条件，包括地层、地质构造、不良地质作用以及尾矿堆积层的层位分布、岩性特征、沉积规律等。

6 初期坝、堆积体及坝基岩土的工程性能指标等。

7 堆积坝水文条件和水文地质条件。

8 场地地震动参数。

9 堆积坝的岩土工程分析和评价。

10 堆积坝存在病患的分析和整治处理措施建议。

11 对监测项目及监测工作的建议。

12 为保障堆积坝的稳定与安全运营的管理方面的建议和措施。

7.0.3 勘察报告应附下列图表：

1 勘探点主要数据一览表。

2 图例。

3 勘探点平面布置图。

4 工程地质剖面图。

5 稳定性分析计算图表。
6 原位测试成果图表。
7 室内试验成果图表。

7.0.4 勘察报告可根据需要附下列图表：
1 区域地质图。
2 综合工程地质图。
3 工程地质柱状图。
4 与工程有关的照片。
5 各种有关的物探测试成果图表。
6 其他需要的图表。

7.0.5 勘察报告可根据需要附下列附件：
1 工程任务委托书（或含勘察技术要求的勘察合同）。
2 与工程相关的重要函电。
3 与工程相关的审查报告或审查会议纪要。
4 专门性试验、专题研究报告或监测报告。
5 其他需要的报告及资料。

7.0.6 勘察文件的文字、术语、符号、数值、计量单位、标点符号均应符合国家现行有关标准的规定。

8 监测

8.1 一般规定

8.1.1 为提供坝体稳定性分析、安全性评价和加固的基础资料，以及预测环境影响，应对堆积坝进行监测。

8.1.2 监测项目和要求应根据堆积坝的规模、工程环境、运营状况确定。监测项目宜包括地下水动态监测、库内水位和坝体排渗监测、溢流监测、坝体变形监测，以及库岸不良地质监测等。

8.1.3 监测资料应及时整理，并建立监测图表记录档案，发现异常必须及时报告。

8.2 日常巡视

8.2.1 日常巡视应包括安全设施的运营状况，坝坡的维护和异常变形，库内水位的涨落，浸润线出逸引起的管涌，排渗流量和浑浊度变化，以及影响堆积坝安全的库岸滑坡、泥石流、岩溶、采空区等不良地质现象的发育情况。

8.2.2 巡视工作宜采用现场记录、绘制草图、拍照、录像等手段进行。

8.2.3 巡视周期可每周一次，暴雨季节或坝体出现险情时应连续监视。

8.3 地下水和库内水位监测

8.3.1 坝体浸润线监测应符合下列规定：
1 浸润线监测可通过布设在坝坡上的滤水管井水位进行观测。
2 观测井宜沿垂直坝轴线方向的剖面布置。对于沟谷型坝，宜布置 3 条观测剖面，短坝可于沟谷中心布设 1 条观测剖面。平地筑坝，可区别不同坝段，分别选择代表性剖面布设观测井。
3 观测剖面应自初期坝坝趾至堆积坝坝顶，并随堆积坝加高而向上延伸。渗流水对坝外环境有不良影响的地段，坝前应根据其影响范围增设观测井。

4 观测井间距可按 25m～50m 布置，并视坝体规模和渗流变化情况调整。其中初期坝坝坡、初期坝与堆积坝的结合部，以及排渗设施两侧均应布置观测井。

5 观测井深度应至浸润线设计埋深以下 3m～5m。

6 观测井宜采用清水钻孔，当采用泥浆钻进时必须采用清水洗井。井管下部渗水管长度宜为 3m～5m，外包无纺布和粗砂滤料，管底应封闭。

7 水位量测宜采用电子水位计，有条件时也可采用自记水位计。

8 观测周期宜为每周一次。在库内水位异常变化或放矿点变动期间，应每天进行观测。

8.3.2 坝体孔隙水压力监测应符合下列规定：

1 坝体孔隙水压力监测宜通过埋设在坝体不同部位和不同深度的孔隙水压力计进行。

2 孔隙水压力观测点宜沿垂直坝轴线方向的剖面布设。主要观测剖面应选在坝坡断面最大的部位，其他部位可根据堆积坝运营状态和稳定性分析的需要设置。

3 观测剖面应自初期坝坝趾向上至堆积坝坝顶，观测点平面间距可按 25m～50m 布置，渗流条件突变部位应增设观测点。

4 孔隙水压力计竖向分层埋设深度和层数应根据含水层变化情况选定。如果坝底有透水层，孔隙水压力计设置应自坝基开始。孔隙水压力计埋设方法可参照本规范附录 C。

5 孔隙水压力观测可与浸润线观测同步进行。

8.3.3 库内水位和坝体排渗及溢流监测应符合下列规定：

1 库内水位监测应在库内淹没范围内设置固定水位标尺进行观测，并同时量测库内水位与堆积坝坝顶高差和干面滩长度。

2 坝体排渗流量和溢出点流量监测可采用三角堰或流量计量测，流量偏小时也可采用容量法测定。水的浑浊度可取样进行固体含量分析。

3 监测工作可与巡视工作同步进行。

8.4 坝体变形监测

8.4.1 坝面水平变形和竖向变形监测应符合下列规定：

1 坝面变形监测宜按垂直坝轴线方向布置观测剖面。沟谷型坝宜视坝长布置 1 条～3 条。平地型坝可区分不同坝段选择不利剖面布置观测点。

2 观测剖面应自初期坝坝趾至堆积坝坝顶。观测点水平间距可视坝坡规模和复杂程度按 25m～50m 布置，其中初期坝的坝坡和坝顶应布置观测点。

3 坝面水平变形和竖向变形监测应根据地形地貌条件建立适宜的观测网站；水平变形观测的测角应采用 J_1 级经纬仪，测距应采用钢尺，长距离宜采用光电测距仪。观测周期每月不应少于 1 次，每期观测不应少于 2 个回次，回次误差不应超过 5mm，竖向变形观测应达到国家三等水准测量精度。

4 观测基准点和测点的埋设需牢固可靠，具体要求应符合国家现行有关测量技术标准的规定。

8.4.2 坝体分层水平变形监测宜符合下列规定：

1 对于已有变形隐患的坝坡，宜在最不利坝剖面上埋设垂直测斜管，采用测斜仪进行坝体不同深度水平差异变形观测。

2 测斜管的设置间距可视坝体规模和复杂程度选定，每个观测剖面不宜少于 5 根。

3 测斜管可采用钻孔法埋设，垂直误差不得大于1°。管的下端应进入坝基以下稳定地层不少于2m。

4 坝体分层水平差异变形观测周期，不应少于每月1次，并宜与坝面变形观测同步进行。

9 加固与治理

9.1 一般规定

9.1.1 经安全评价，安全度被定为危库、险库和病库的尾矿库（坝），应进行安全治理或抢险。

9.1.2 尾矿堆积坝的加固治理可选用土质边坡加固和地基加固处理的岩土工程技术措施，加固治理方案应结合尾矿堆积坝的特点进行充分的技术经济论证；尾矿堆积坝的抢险可采用水利工程土石坝和堤防工程抢险的工程技术措施。

9.1.3 尾矿堆积坝的加固和治理应在病患分析和方案论证的基础上进行设计。

9.2 加固和治理

9.2.1 尾矿堆积坝体出现裂缝时，应通过表面观测和开挖探坑、探槽等手段，查明裂缝的部位、宽度、长度、深度、错距、产状等，综合分析裂缝的成因，并可针对裂缝的成因和形式采取以下治理措施：

1 对缝深小于5m的裂缝可采用开挖回填法处理，开挖深度应超过裂缝最大深度0.3m～0.5m，开挖长度应超出裂缝两端不小于2m，回填土料宜与原土料相同，回填应分层夯实。

2 对较深的裂缝可采用灌浆法处理或上部开挖回填、下部灌浆的方法处理。灌浆的浆液可采用纯黏土浆或黏土水泥浆。

9.2.2 坝体塌坑应根据查明的成因采取相应的处理措施。对于已稳定的沉陷塌坑，可进行回填夯实处理；对管涌塌坑，应先治理管涌再进行回填。

9.2.3 坝坡冲沟应以土、石及时分层夯实填平，并增设坝坡排水沟。

9.2.4 坝体出现滑坡迹象时，可采取下列治理措施：

1 下游坡加压重固脚。

2 放缓平均坝坡。

3 降低坝体浸润线。

4 其他措施。

9.2.5 上游式尾矿雄积坝需要控制渗流时可采取下列措施：

1 在尾矿筑坝的地基设置排渗褥垫、水平排渗管（沟）及排水井等。

2 在尾矿堆积体内设置水平排渗管（沟）、垂直排渗井或水平与垂直联合排渗系统及贴坡排渗体等。

3 在与山坡接触的尾矿堆积坝坡处设置贴坡排渗体或排渗管沟等。

4 适当降低库内水位，增大沉积滩长。

9.2.6 当坝面或坝肩出现集中渗流、流土、管涌、大面积沼泽化、渗水量增大或渗水变浑等异常现象时，可采取下列治理措施。

1 在渗水部位铺设土工布或天然反滤料，其上再以堆石料压坡。

2 增加排渗设施，降低浸润线。

9.2.7 尾矿堆积坝抗震能力不足时，必须进行抗震加固治理，并宜采取以下措施提高堆积坝的抗震稳定性：

1 降低库内水位或增设排渗设施，降低坝体浸润线。

2 在下游坡坡脚增设土石料压坡体。

3 增加沉积干滩长度。

4 对坝体进行加密加固。

5 堆积坝后续加高时采用碾压法填筑或用土工合成材料加筋。

9.3 抢险治理方案

9.3.1 当尾矿库（坝）出现下列情况之一时，应采取抢险治理措施：

1 坝体出现严重的漏洞、管涌、流土等现象，威胁坝体安全的。

2 坝体出现严重裂缝、坍塌和滑动迹象，有垮坝危险的。

3 库内水位超过限制的最高洪水位，有洪水漫顶危险的。

4 正在使用的排水井倒塌或者排水管（洞）坍塌堵塞，丧失或者降低排洪能力的。

5 其他危及尾矿库安全的险情。

9.3.2 抢险治理应根据堆积坝的条件、险情类别选用合理、有效的措施。当根据水情预报，有洪水漫顶可能时，应采取下列措施：

1 抢筑子堤：筑坝高度应满足防止洪水漫顶的要求，抢筑子堤可采用土袋筑坝或木板、埽捆子堤筑坝等方法。

2 采取非常排洪措施。

1）打开原已封堵的斜槽盖板、排水井窗口或排水井拱形挡板等，增加进水口排水能力，降低坝前水位。

2）打开已建好的非常溢洪道或临时抢开非常溢洪道。

9.3.3 当坝体发生严重漏洞时应采取前堵后排的抢险治理措施，当坝体发生严重管涌或流土时应采取反滤导渗的抢险措施。

附录A
尾矿堆积坝岩土工程勘察任务书

表A 尾矿堆积坝岩土工程勘察任务书

<table>
<tr><td colspan="2">建设单位</td><td colspan="3"></td><td>工程名称</td><td colspan="3"></td></tr>
<tr><td rowspan="3">已建初期坝</td><td>坝型</td><td></td><td>坝体结构</td><td colspan="2"></td><td>坝体材料</td><td colspan="2"></td></tr>
<tr><td colspan="2">高度： m</td><td colspan="2">顶宽： m</td><td colspan="2">底宽： m</td><td colspan="2">坝基埋深： m</td></tr>
<tr><td colspan="2">坝顶高程： m</td><td colspan="3">坝基底面高程： m</td><td colspan="3">坝坡比：上游
下游</td></tr>
<tr><td rowspan="3">设计堆积坝</td><td colspan="2">设计最终坝高： m</td><td colspan="3">设计全库容： m^3</td><td colspan="3">堆坝材料：</td></tr>
<tr><td colspan="2">堆坝方法：上游式/下游式/中线式</td><td colspan="3">每级子坝高度： m</td><td colspan="3">马道宽度： m</td></tr>
<tr><td colspan="2">子坝坡比：</td><td colspan="3">堆积速率： m/a</td><td colspan="3"></td></tr>
</table>

续表

已建堆积坝	已有堆积高度： m	子坝级数：	每级子坝高度： m	马道宽度： m
	子坝坡比：	堆积速率： m/a		
排水构筑物	初期坝排渗设施：			
	尾矿库排水构筑物：			
随任务书提供资料	1			
	2			
勘察评价要求	□1. 查明堆积坝及其上游一定范围内已有堆积物的成分，颗粒组成、密实度、沉积规律； □2. 查明堆积物的岩土工程特性； □3. 查明坝体浸润线及变化规律； □4. 分析评价现状坝高和最终坝高时的渗透稳定性和静力稳定性； □5. 分析评价在地震基本烈度为______度时的现状坝高和最终坝高的稳定性，并进行液化分析； □6. 分析评价堆积坝运行中的环境问题； □7. 对堆积坝的运行、管理、监测提出建议，对堆积坝存在的病患提出防治建议。			
委托勘察日期： 年 月 日		要求提交成果日期： 年 月 日		
		要求提交成果份数： 份		

委托单位（盖章）：　　　　设计单位（盖章）：

委托人：　　　　填任务书人：

电话：　　　　电话：

附　录　B
尾矿堆积坝工程地质钻探要求

B.1　一般要求

B.1.1　尾矿堆积坝工程地质钻探应对钻进的尾矿和地层的岩芯进行鉴别和描述，确定各尾矿和地层埋藏深度与厚度，采取符合质量要求的试样或进行原位测试，查明钻进深度范围内地下水的赋存情况。

B.1.2　钻探工作应以钻探技术要求或任务书为施工作业依据。在钻探过程中应防止对反滤层、排水棱体、排渗褥垫、水平排渗管（沟）、垂直排渗井、渗流控制等设施和自然环境的破坏。

B.1.3　除长期观测孔外，所有钻孔和探井完工后均必须封堵回填。

B.1.4　进行尾矿堆积坝工程地质钻探时，除应符合本规范的要求外，尚应符合国家现行有关标准、规范的规定。

B.2　施工准备

B.2.1　钻探负责人应搜集工作区有关地层岩性资料，参加现场踏勘，了解现场施工条件。

B.2.2　根据钻探技术要求、场地地层岩性分布情况和现场施工条件等，编制钻探施工方案。

B.2.3　钻探开工前，所有钻探人员必须认真听取项目技术负责人介绍钻探技术要求和钻探技术负责人介绍钻探技术方案。

B.2.4 钻孔点位应设置有编号的标志桩。开工之前应按设计要求核实桩号及其实地位置。点位平面允许偏差±0.25m，高程允许偏差±5cm，因障碍改变点位时，应及时将实际点位标明在平面图上。

B.3 钻探

B.3.1 钻孔口径、钻具规格和钻进方法应符合国家现行有关标准的规定。钻孔口径应满足钻进工艺、钻探目的、取样和原位测试要求。

B.3.2 在浅部尾矿层中可采用套管护壁。在地下水位以下饱和尾矿和土层中宜采取泥浆护壁。在碎石土和破碎岩体中可视需要采用优质泥浆、水泥浆或化学浆护壁。冲洗液漏失严重时，应采取充填、封闭等堵漏措施。

提拔钻具或取土器的初始速度应稍慢，保持向孔底通气通水，并及时向孔内补充泥浆，以确保泥浆护壁效果。

B.3.3 钻进中孔内水头压力不得小于孔周地下水压，采取缓压慢提。

B.3.4 在尾矿和土层中回次进尺不宜超过1.0m，在岩体中回次进尺不得超过1.5m，在重点研究部位回次进尺不宜超过0.5m。重点研究的坝体沉陷与变形部位、滑动面、渗漏带和破碎带应连续取芯。

B.3.5 当进行水上钻探时，应根据现场地形、水情和现有水上设备能力，制定专门施工措施。

B.4 取样

B.4.1 尾矿和土样质量等级的划分标准、取样工具或方法的选用应符合现行国家标准《岩土工程勘察规范》GB 50021和《原状土取样技术标准》JGJ 89等有关标准的规定。

B.4.2 在钻孔中采取Ⅰ、Ⅱ级尾矿和土试样时，应符合下列要求：

1 在尾矿、软土和砂土中采用套管护壁时，取样位置应低于套管底3倍孔径的距离。

2 放置取土器前应仔细清孔，孔底残留的浮土厚度不得大于取土器上端废土段长度(活塞取土器除外)。

3 取土器应缓慢匀速下放，严禁冲击孔底。

4 软黏性尾矿和软土宜采用薄壁取土器静压法取样，砂性尾矿和砂层宜采用重锤少击法取样。

5 不得使用刃口卷折、内壁锈蚀或活塞不灵的取土器。

6 取土器提出地面后，严禁敲打和水冲，应用专用工具取出试样，并立即密封和妥善存放。

B.4.3 试样必须及时贴上标签。标签上应填写工程名称、勘探点及试样编号、取样深度、试样等级、试样目测定名、取样日期和取样人等内容。

B.5 现场编录

B.5.1 钻进过程中各项深度数据均应丈量获得，累计量测允许误差为±5cm。

B.5.2 记录必须真实及时，字迹应清楚端正，钻孔按回次逐次编录，探井应边挖边进行编录，严禁事后追记或用橡皮擦改。原始记录签署必须齐全。

B.5.3 各类尾矿和岩土层颜色应在天然湿度下进行描述，并应副色在前、主色在后。

B.5.4 尾矿的岩性描述内容应符合同类天然土层的描述要求。

B.5.5 对尾矿层中厚度大于或等于 30cm 的软弱夹层应单独描述。

B.5.6 所有钻孔均应按 1.0m 分段依次摆放岩芯，并对重要的或有代表性的钻孔拍摄岩芯照片，以便检查和核对原始钻探记录。

B.5.7 探井描述应反映地层的平均厚度、最大厚度和最小厚度。当地层水平时，可选择有代表性的点进行测定；当地层倾斜时，应选择几个有代表性的点进行测定；当地层复杂或工程需要时应做出井壁展示图并标出井壁方向。

附　录　C
孔隙水压力计埋设方法

C.0.1 孔隙水压力计可采用钻孔法埋设，钻孔直径 110mm～150mm，清水钻进。如果使用泥浆护壁钻孔，当钻孔达到最终深度时必须进行清水洗孔。

C.0.2 成孔后应先填入约 20cm 厚度的中砂，随之将最下面一个孔隙水压力传感器送到预定深度，再用中砂掩盖，中砂掩盖至传感器以上 50cm 左右，然后用黏土球封堵至上一个孔隙水压力传感器设置深度。再填入 20cm 厚度中砂，开始埋设上一层孔隙水压力传感器，直至把不同深度的孔隙水压力传感器全部埋设完成，剩余孔段用黏土球封孔，并做好孔隙水压力计的接头和电缆管的安装保护。

C.0.3 孔隙水压力计埋设过程中，应随时检测，发现故障时必须及时处理。

本规范用词说明

1　为便于在执行本规范条文时区别对待，对要求严格程度不同的用词说明如下：

1）表示很严格，非这样做不可的：

正面词采用“必须”，反面词采用“严禁”；

2）表示严格，在正常情况下均应这样做的：

正面词采用“应”，反面词采用“不应”或“不得”；

3）表示允许稍有选择，在条件许可时首先应这样做的：

正面词采用“宜”，反面词采用“不宜”；

4）表示有选择，在一定条件下可以这样做的，采用“可”。

2　条文中指明应按其他有关标准执行的写法为：“应符合……的规定”或“应按……执行”。

引用标准名录

《岩土工程勘察规范》GB 50021

《原状土取样技术标准》JGJ 89

条文说明

1 总则

1.0.1 尾矿是当前暂不能利用的一种工业废弃物，尾矿堆积坝属于废弃物处置工程中一类重要项目。为合理和有效利用土地，尾矿堆积坝的堆积高度趋于向高发展。我国大型尾矿库的尾矿堆积坝高度已达200m以上，中小型库数以千计。用尾矿或其他工业生产过程中的细颗料废渣排放冲积筑坝，其筑坝方式、坝体结构、性能均有别于水利工程的土石坝。特别是它的坝体堆筑因各种因素影响可能是无序的，而一旦出现事故又可能是灾难性的，所以尾矿堆积坝的稳定性历来被各级行攻管理部门和生产企业关心和重视。为保障尾矿堆积坝安全有序地运行，我国在1986年由原冶金工业部和中国有色金属工业总公司颁发了《上游法尾矿堆积坝工程地质勘察规程》YBJ 11（试行），二十多年来这本规程指导了我国尾矿堆积坝的工程地质勘察工作。2004年由国家发改委发布的有色金属行业标准《岩土工程勘察技术规范》YS 5202中第4.5节和其他章节的相关条文，对尾矿和其他工业废渣堆积坝的岩土工程勘察工作中各种相关活动，包括勘探、试验、分析、评价等都做了规定。可以认为后者有关堆积坝的内容是执行前者近二十年的总结和提高。但由于行业标准的局限性，其他行业同类工程只能参照这两本标准开展工作。在现行国家标准《岩土工程勘察规范》GB 50021第4.5节中对尾矿和工业废渣堆积坝的勘察仅有2条条文，“只对通用性的技术要求做了规定”。为了对冶金、有色金属及其他有关行业的尾矿堆积坝工程的岩土工程勘察和监测、治理等技术工作统一标准和要求，使我国的尾矿堆积坝工程能经济、安全、有效的运行，在上述各项现行标准的基础上，编制了本规范。

1.0.2 尾矿堆积坝按其筑坝方式可分为上游式、下游式、中线式三种。上游式筑坝的尾矿堆积坝由于筑坝工艺简单，粗、细粒尾矿都能使用，坝坡易管理等特点，在我国应用最广。但上游式筑坝的冲填尾矿密度低，浸润线较高，抗震性能较差。我国已有勘察评价工作主要是针对上游式尾矿堆积坝的，本规范是基于上游式尾矿堆积坝的工程经验编制的，因为工作的手段、方法是相同的，所以对中线式、下游式尾矿堆积坝也可参照执行。

1.0.3 本条为强制性条文。尾矿堆积坝因排放、管理等不当引起溃坝等事故屡见不鲜，造成的损失触目惊心，为使尾矿坝按照安全、合理、科学、经济的堆积方式、坡比和高度进行堆筑，即使是完全按设计数据堆筑的，都需要适时掌握已堆积坝体的稳定性，调整运行参数，确保尾矿堆积坝的安全正常运行。因此，在坝的堆积过程中进行勘察是必需的。

1.0.5 本规范属岩土工程专业的专用标准，对一般性的岩土工程工作尚应执行国家现行有关标准的规定。

2 术语

本章条目是以国家现行标准《选矿厂尾矿设施设计规范》ZBJ 1“附录五名词解释”中部分术语为基础，作了适当的修改，并增加了本规范涉及的尾矿、浸润线等术语。

本规范列入的术语主要是关于尾矿设施方面的，有关岩土工程专业术语可参照国家现行的相关标准。

第2.0.1条的“尾矿”在本规范中还包含了氧化铝厂的废弃物赤泥。氧化铝生产工艺按其原矿矿物成分和SiO_2含量可分为拜耳法、烧结法和两者结合的联合法，它们排出的废渣赤泥的成分、颗粒尺寸有差异。我国使用最多的工艺是烧结法，赤泥堆场的已有工程经验也多是基于烧结法赤泥的。对于颗粒较细的、SiO_2含量低的拜耳法赤泥的堆场，我国的堆存经验较少。

3 基本规定

3.0.1 勘察任务书是尾矿堆积坝勘察的工作依据，应事先取得，然后编制勘察纲要。任务书的格式可不同于本规范附录A，但其所包含内容应符合本规范附录A。如果尾矿工程缺乏前期的岩土工程勘察资料，应另行提出补做前期相关工程勘察的任务书。

3.0.2 确定本条勘察等级的主要因素是库和坝的规模及其安全要求。

3.0.3 本条中表3.0.3-1和表3.0.3-2均引自《选矿厂尾矿设施设计规范》ZBJ 1，溯源则来自原《水利水电枢纽工程等级划分及设计标准》SDJ 12，现行版本为《水利水电工程等级划分及洪水标准》SL 252，本规范在表注中稍作文字修改。

3.0.4 堆积坝勘察应在排放堆积尾矿至一定高度后再进行，其原因是为了获得堆积尾矿的沉积规律和物理力学性质。现行行业标准都规定在堆积至设计最终坝高的1/2至2/3时宜进行一次勘察，本规范编制和审查时根据国内从事尾矿堆积坝勘察、设计的多位专家的意见，考虑到国内尾矿堆积坝的实际状况，对这一规定作了较大的变更。一是将“宜”改为“应”，并将本规范第1.0.3条定为强制性条文；二是增加了勘察次数和调整了勘察时间要求，即应在堆积坝运行期进行多次勘察，目的是为了适时掌握堆积坝的状态，使有了问题再查的被动状态变为定期勘察，查出问题随即处理的主动管理。目前有的尾矿磨矿粒度很细，200目达到90%以上，这样的细粒尾矿目前缺乏筑坝经验。因此，为了满足工程安全要求，堆积坝的稳定性分析评价工作有必要多次进行。

3.0.5 尾矿土按相同粒径组成的土进行分类已沿用二十余年，证明是可行的。烧结法赤泥性状较特殊，因此可按其固化程度再分两类。固化程度可按现场土的状态判别，达硬塑状态即可判为固化。

4 勘察工作布置

4.1 一般规定

4.1.1 勘察纲要是岩土工程勘察工作重要的技术性文件，是指导勘察工作的设计书。其内容应针对拟评价的尾矿堆积坝工程概况、场地工程地质和水文地质条件、存在的主要岩土工程问题，提出相适应的勘察工作布置及工作量、各种勘探和原位测试技术要求、取样和室内试验技术要求、分析评价的方法和要求，以及勘察实施组织安排、质量和职业健康安全目标及其保证措施、勘察进度计划及其保证措施、勘察报告书的主要章节等。

4.1.2 尾矿堆积坝勘察应选择适用的勘察手段，对所采用的每一手段都应明确需达到的目的和要求。

4.1.4 在坝体上的孔、井，如不回填封堵，可能影响坝体渗流，因此必须认真做好。封堵回填应符合“以土还土，以砂还砂”的原则，并做好封孔施工记录。

4.1.5 现场勘察的工作人员如接触有害的尾矿土和水时应采取防护措施，推荐采用现行国家标准《职业健康安全管理体系规范》GB/T 28001进行有效控制。

4.2 资料搜集与工程地质测绘

4.2.1 本条规定了在堆积坝勘察前需搜集和分析的专门性资料，未列入与一般场地勘察要求相同的其他资料。所列资料内容都是堆积坝勘察方案编制和岩土工程分析的依据。

4.2.2 本条中“有关的外围”包括可能产生绕坝渗漏的岸坡、坝体周边（尤其是下游）可能失稳的边坡和可能产生周围环境岩土工程问题的地段。

4.2.3 对堆积坝有重大影响的地质单元体和岩性变化较大的复杂场地地段，工程地质观测点间距在相应比例尺图上不宜大于 20mm，对尾矿沉积滩等岩性变化不大的简单场地地段不宜大于 50m，其他中等复杂场地地段宜为 30mm～4mm。地质观测点应采用仪器定位，仪器定位精度应满足地质观测点图上误差不超过 3mm 的要求。

4.3 勘探与取样

4.3.1 取样和土工试验是取得堆积坝分析计算参数的最重要手段，因此需保证钻孔的数量。

4.3.2 为采取浅层的不扰动样，可在坝坡或干滩布设探井或探糟，开挖取样后必须及时夯实回填。

4.3.4 勘探线长度的规定是按计算剖面的需要确定的。主要勘探线是对分析评价有重要意义的勘探线，应布设在可能的最不利于稳定性的位置。根据已有工程经验，主要勘探线上游端达到自坝顶起不小于拟评价坝高 2 倍～3 倍距离的这个范围，可以覆盖可能产生滑面的后缘。这样规定较易操作，又可使堪探工作范围满足评价要求。现行行业标准规定勘探线上游端到达水线和进入水线，但勘察时水线位置不一定是正常运行时的水线，有可能使勘探资料不满足评价要求。

4.3.5 勘探线数量是堆积坝稳定性评价的准确性和可靠性的保证条件。在正常排放堆积条件下，沿沟谷谷底的剖面可能是稳定性最低的剖面。但尾矿的排放，尤其是一些中小型矿山，往往是无序的，或由于某些原因迫使将大量细颗粒尾矿堆积在某一侧，由此可造成堆积坝某一地段的不安全因素。这种情况在布置勘探工作前的工程地质测绘或收集分析资料中是难以发现的。在已有工程实例中，有些坝的抗滑稳定安全系数最小的剖面并不是沿谷底的剖面。但有的单位为了降低费用减少工作量，只在沿谷底垂直坝轴线布设一条勘探剖面，这样就可能使一些不安全因素被漏查，导致评价结果偏安全。为了勘察时不留盲点，保证评价结果的准确可靠，防止遗漏的隐患失事造成损失，本规范将在主坝不应少于 3 条勘探线的要求列为强制性条文。还应说明的是“不应少于 3 条”并不是布置 3 条满足要求即可，在较长的坝或有特殊情况的坝，还应布设比 3 条更多的勘探线。主坝是指尾矿水渗流下游方向的坝。

4.3.6 本条对勘探线、点间距作了规定，现场布设应在进行工程地质测绘的基础上进行，把勘探线、勘探点布设在有代表性的地段或位置。表 4.3.6 中注 4 的规定是针对堆积坝进行多次勘察的情况。尾矿的工程特性随着其上覆堆积厚度的增大而改变，因此前期勘察资料并不是都可利用的。

4.3.7 本条是针对平坦或缓坡场地建库的坝，条文规定的勘探线数量是至少要 3 条或 2 条，而不能理解为只需 3 条或 2 条。

4.3.8 勘探孔深度的规定沿用原冶金工业部标准《上游法尾矿堆积坝工程地质勘察规程》YBJ 11 的规定，二十余年来的工程经验表明按此孔深控制可以满足评价要求。

4.3.9 由于静力触探孔没有泥浆的影响，所测定的地下水位比采用泥浆护壁的钻孔中测定的地下水位准确，可利用静力触探孔测定地下水位。

稳定水位的间隔时间按地层的渗透性确定，对碎石土和砂性尾矿不得少于 0.5h，对粉性尾矿、黏性尾矿、粉土、黏性土含量超过 10％的碎石土不得少于 8h。

4.3.10 本条规定了采取岩土试样的质量等级、取样间距及每层取样数量的要求。尾矿土取样质量直接影响试验数据的准确性，因此规定了取土器类型及土样级别。本条第 2 款未规定

采取不扰动样的最少数量，合理的取样数量应与工程规模、土层厚度、土性变异性及试验项目要求等因素有关

本条规定的回转取土器包括单动三重管和双动三重管取土器。

4.4　原位测试与试验

4.4.1　静力触探试验在钻探和十字板剪切试验之前进行有利于指导钻孔取样或十字板剪切试验的深度位置。静力触探试验能够准确测定地层微观变化，可弥补钻探的不足，是堆积坝勘察中的有效手段。静力触探试验应与钻探结合应用，不可用它替代钻孔。

4.4.2　标准贯入试验在堆积坝评价中主要用于尾矿密实度的判定和地震液化判别分析，试验应在全孔段进行。

4.4.3　圆锥动力触探试验在堆积坝勘察中主要用于确定库底、坝基和初期坝碎石土的工程性能，勘察时应根据场地条件的适宜性选用。

4.4.4　本条所述为电测十字板剪切试验。十字板剪切试验所得尾矿的不排水抗剪强度可与室内试验数据结合确定堆积坝稳定性分析所采用的强度指标值。

4.4.5　现场直接剪切试验需在堆积坝下游坡面或干滩上择地进行，但由于该地段处于尾矿堆积的较浅部位，所以所得数据可能偏低。

4.4.6　本条所述为单孔法。地层变化大和层位变化处测点垂直间距取小值，必要时尚需加密测试。波速测试成果可用于堆积坝的动力分析。

4.4.7　抽水试验多用于测定水位以下较深层的渗透系数，注水试验多用于在干滩测定浅层尾矿渗透系数。

4.4.8　不同的计算条件需采用不同的抗剪强度指标，应根据分析计算条件选用相应的剪切试验方法。

尾矿成层分布层理较复杂，垂直与平行层理的渗透系数迥异，因此，应分别垂直和平行层理采取试样进行室内渗透试验。

5　原位测试与室内试验

5.1　一般规定

5.1.1　原位测试和室内试验的项目、试验方法、试验条件是由岩土工程分析评价要求提供的计算参数决定。为使试验工作具有针对性，试验工作内容应根据勘察技术要求确定。

5.1.2　采用天然结构的样品进行试验，是保证试验指标准确的必要条件，但是，尾矿为近期堆积的人工土，结构松散，现场取到原状样后，防止运输过程的扰动十分困难。攀枝花马家田尾矿堆积坝的勘察中曾采用试样冷冻包装运输的方法解决了防止样品的扰动问题，是一种可行的方法，但该方法成本较高。因此，本规范在强调采用原状样进行试验的同时，根据以往的勘察工作经验，对运输过程易于扰动的砂性尾矿的室内动三轴试验，在本规范第5.11.2条中，做了可采用扰动土制备样进行试验的规定。

5.1.3　尾矿的颗粒组成和它的密实度、饱和度决定了它的易扰动性。为了尽量减小试样运输对样品的扰动，本规范规定了尾矿堆积坝勘察应在工程现场进行尾矿的物理力学性质试验，也就是说需要在现场设立试验室。这是国内尾矿堆积坝勘察和设计专家们的共识。国内以往一些专业勘察单位都是这么做的，这也是其他各单位可以做到的。这样规定的目的就是要提高试验数据的可靠性。

5.1.4　本章规定仅涉及各种测试手段的适用范围、主要的技术要求和试验的主要成果，目

的是供勘察项目技术负责人选择试验手段、试验项目和控制相应试验项目的试验条件时使用。至于各试验手段、项目的具体操作，则应按有关规范、规程执行。

5.2 静力触探试验

5.2.1、5.2.2 静力触探具有勘探和测试两种功能，适用于砂性、粉性、黏性土的勘探和测试，可根据工程需要采用单桥探头、双桥探头或带孔隙水压力量测的单、双桥探头。

在堆积坝的勘察中，静力触探的深度较大，对超深孔的探测除选择贯入能量大的设备外，应同时考虑采用强度大的合金钢探杆，攀枝花马家田尾矿堆积坝的勘察中采用合金钢45MnMoB的ϕ42探杆成功实现最大孔深80.1m的探测深度。

5.2.3 静力触探是一种间接的勘探测试手段，它不能提供暴露面或样品供技术人员观察被探测土层的特性，而只能借助贯入曲线判断土层的性质和确定分层的位置，因此，用静探分层及确定土的名称时，应参照静探孔附近的钻孔进行划分。

5.3 圆锥动力触探试验

5.3.1 圆锥动力触探是一种重要的岩土工程原位测试方法，在尾矿堆积坝的勘察中，尤其对不能取土样做试验的以废石筑坝的初期坝坝体，坝基碎石层及极软岩的测试显得更重要，因此，本规范纳入这一测试方法。

5.3.2 圆锥动力触探试验的关键是保持锤击能量的恒定，采用自动脱钩落锤装置控制落锤的方法，能较好地使锤击能量比较恒定。保持探杆的垂直，防止偏心，减少探杆与土层之间的摩阻力，是保证试验准确的重要措施。试验终止条件和锤击速率的规定是确保试验成果准确、可靠、真实的试验质量控制措施。

5.3.3 应用试验成果时，$N_{63.5}$或N_{120}值是否修正或如何修正，应根据建立统计关系时的具体情况确定。对试验成果中出现的异常值应分析其原因，对操作或机具等人为因素以及触探的界面效应等因素产生的异常值应剔除。

5.4 标准贯入试验

5.4.1～5.4.3 标准贯入试验在尾矿堆积坝的勘察中是应用最广泛的一种测试方法，由于尾矿堆积坝为近期人工堆积的尾细砂、尾粉砂和尾粉土为主的尾矿堆积而成，结构松散，孔壁稳定性差，为保证测试质量，钻进过程中应重视钻孔的护壁工作。

试验成果提供的N值是试验实测值，未作修正，因此应用N值进行工程评价时，必须选用相应的N值，即实测值或经过某一方法的修正值。

对实测值中的异常值应分析其原因，对操作或机具等人为因素产生的异常值应剔除。

5.5 十字板剪切试验

5.5.1 十字板剪切试验适用于测定饱和软黏土性质的尾矿的不排水抗剪强度，相当于摩擦角$\phi_{cu}=0$时的黏聚力c_{cu}值的测试。

5.5.2 软黏土的埋藏深度对试验位置的准确性十分重要，一般宜在拟进行十字板剪切试验的孔位旁预先做静探试验，结合静探孔的土层变化情况，选择软黏土分布的部位进行试验。

5.5.3 当计算电测十字板剪切试验不排水抗剪强度时，可不对轴杆进行摩擦力校正，因为电测十字板直接测定的是施加于板头的扭矩。

5.6 现场直剪试验

5.6.1 现场大面积剪切试验由于试验的岩土体比室内试样大，能包含宏观结构的变化，试验成果更接近工程的实际情况。因为试验场地选择的限制，不可能对埋深较大的尾矿进行试验，所以需考虑试验成果的代表性。

5.6.2 对试验场地的选择，应考虑稳定性分析时堆坝受力特征，选在代表性好的地段，而且每组试槽应在平面上散开布置，各试验点的岩性相近，保证试验结果的良好线性关系。剪切方向选择与滑动方向一致，最大的法向应力应大于最大预估应力值，使试验成果与稳定性分析更接近实际的受力情况。

5.7 波速测试

5.7.1 波速测试的目的是通过测定弹性波在岩土体内的传播速度，计算出所测试层位在小应变条件下（$\varepsilon=10^{-4}\sim10^{-6}$）的动力参数。

5.8 抽水试验

5.8.2 抽水试验是评价砂性尾矿含水层渗透性最常见、最直观、最有效的试验方法，在堆积坝勘察工作中，可选择三段降深的稳定流试验或采用抽筒提水的简易抽水试验方法。

抽水试验的观测孔宜在每条观测线上布置1个～3个孔，观测孔与抽水孔的距离为：第1个孔宜为含水层厚度的1倍，第2个孔宜为含水层厚度的1.5倍，第3个孔宜为影响半径的0.178倍。

5.8.3 抽水试验成果计算应包括影响半径 R 和渗透系数 k 值，并应根据水文地质条件和抽水情况选择计算方法。利用恢复水位计算渗透系数 k，结果可能偏小。

5.9 注水试验

5.9.1 注水试验适用于不能进行抽水试验及取原状样进行室内试验比较困难的松散岩土体，在堆积坝勘察多在干滩或坝坡上进行。

5.9.2 注水试验分为试坑注水和钻孔注水两大类，宜根据地下水的埋藏条件和尾矿的渗透性强弱选择适当的试验方法。

5.10 室内物理力学性质试验

5.10.1 尾矿的工程分类以颗粒组成为主要依据，颗粒分析是尾矿室内试验的重要试验项目。不同类别的尾矿应选择相适应的颗粒分析试验方法。

5.10.2 平行尾矿沉积层理与垂直尾矿沉积层理的渗透系数相差较大，而在坝体的数字模拟计算中又需要分别输入垂直、水平渗透系数。常采用的方法是在探井中用环刀取平行沉积层理和垂直沉积层理的试样，进行室内渗透性试验，分别提供垂直和水平渗透系数。

5.10.3 采用压缩模量进行沉降计算，是目前广泛应用的沉降计算方法。由于压缩系数和压缩模量随压力段的不同而改变，因此本条对试验的最大压力值和分段提供压缩系数与压缩模量作了规定，以便沉降计算时按工作应力选择相应的压缩性指标。

5.10.4 尾矿的三轴试验是为坝坡的稳定性分析和坝体的应力应变分析提供分析计算参数的室内试验方法。它具有能控制大、小主应力及排水条件，受力状态明确，又能准确测定土的孔隙压力及轴向变形和体积变化等特点。试验时可根据不同的分析计算模型选择相应的试验方法。

排水状态对三轴试验成果影响很大，为获得稳定性分析所需的抗剪强度参数的三轴试验，控制排水状态是关键。不同的排水状态所测得的 c、ϕ 值差别很大，故本条规定试验时的排水条件应尽量与工程实际一致。

在试验时采用适宜的小主应力 σ_3 是应注意的问题，σ_3 的取值涉及试验成果的适用性。

5.11 室内动力试验

5.11.1 尾矿的动力测试可根据动应变大小选用共振柱试验和振动三轴仪试验。共振柱试验适用于 $\varepsilon \leqslant 10^{-4}$，振动三轴仪试验适用于 $\varepsilon > 10^{-4}$。

5.11.2 砂性尾矿由于取样、包装、运输、制样等环节难于控制其天然状态，当无条件采用原状样进行试验时，根据以往的勘察工作经验，可采用扰动土制备试样。试样制备应按尾矿天然状态的干密度和含水率控制试样的干密度和含水率。

5.11.3 动三轴试验前，先将土样固结，固结比模拟不同倾斜度的地面下土体静应力状态，采用 1.0、1.5、2.0，试验时最小主应力 σ_3 一般采用为 100kPa、200kPa、300kPa，而测定液化应力比时 σ_3 宜与液化层位埋深的应力状态相一致，测定动弹性模量与阻尼比时 σ_3 要考虑坝高。

试验的振动周次根据震级相当的等效循环次数采用：即里氏震级为 7 级者，等效循环次数为 10 周，7.5 级为 20 周，8 级为 30 周。

5.11.4 尾矿的动力试验成果除提供动弹性模量、阻尼比、动强度、液化应力比等参数及相关的关系曲线外，还可以分别绘制总应力及有效应力莫尔园，求出相应的动强度指标。

6 岩土工程分析评价

6.0.1、**6.0.2** 尾矿堆积坝的稳定性分析与评价工作必须要有岩土工程勘察资料。查明地层的分布及库区与坝坡浸润线的埋深，提供尾矿堆积坝体岩土物理力学参数，并进行尾矿层的概化分区，以便对尾矿坝进行稳定性评价，并对可能出现的问题提出处理措施，为尾矿库安全运行提供依据。

6.0.3 本条对尾矿堆积坝的评价作了规定，其中包括静力与动力两方面内容。对位于地震动峰值加速度小于 0.10g 的地区可不进行计算的 5 级坝也作了详细的规定，但岩土勘察工作仍应做细做全。本条的规定与国家现行标准《选矿厂尾矿设施设计规范》ZBJ 1 和《尾矿库安全技术规程》AQ 2006 的相关规定一致。

6.0.4 尾矿堆积坝岩土工程勘察的根本目的，就是要评价已堆积坝体的稳定性和按已有条件继续堆筑至设计最终坝高时的稳定性，以确保尾矿库的安全运行。因此，分析计算至少按已有坝高和设计最终坝高的两个高度进行。在实际工程中，可能遇到需调整堆筑方法、堆筑参数、尾矿性质或最终坝高稳定性不足等情况，则还要根据设计要求对其他条件下堆积坝的稳定性进行分析计算。

6.0.5、**6.0.6** 抗滑稳定性参数的选取原则按调整后的浸润线概化断面和计算方法以及尾矿库的等别确定。工程指标的代表值应分别为标准值，平均值和特征值，用以评价土的性状的各种物性指标可取平均值，抗剪强度指标应取标准值，压缩性指标应取平均值，地基承载力应取特征值。岩土参数的分析与统计可按现行国家标准《岩土工程勘察规范》GB 50021 有关章节执行。

由于尾矿的取样、试验等环节可能出现的缺陷，选用计算参数时应结合工程和通过反分析综合确定。

6.0.7 尾矿堆积坝的渗流是决定其稳定性的条件，渗流计算的主要任务是确定坝体浸润线的位置、坝体和坝基的渗流量以及浸润线出逸时的水力坡降，为坝体稳定性分析和排渗设施设计提供依据。

6.0.8 本条对尾矿坝渗流计算只作了一些原则性的规定，主要应根据尾矿库的等别，场地类型分别选取计算方法与计算参数。对沟谷型尾矿库宜进行三维有限元法或模拟试验，主要是为了确保渗流计算更符合实际状态，为尾矿坝安全运行提供依据。

对 4 级、5 级堆积坝的渗流计算，除按二维渗流计算外，还可采用国家现行标准《选矿厂尾矿设施设计规范》ZBJ 1 中的“上游式尾矿坝的渗流计算简法”的方法，也可采用其他渗流计算模型。

6.0.9 目前国内在尾矿堆积坝稳定性分析中，通常采用本规范提出的简化毕肖普法与瑞典圆弧法进行计算，且常用两种计算方法进行对比，以验证其计算结果的可靠性。对 1 级、2 级堆积坝再采用二维或三维有限元进行应力与应变分析的单位也比较多，计算程序也不完全统一。为了使分析计算更符合坝体实际状态，使计算结果更可靠，本规范规定了 1 级～3 级堆积坝都宜再采用二维或三维有限元法进行分析。据国内已有经验，推荐采用沈珠江的等价粘弹性模型或 Duncan-Chang（邓肯-张）的非线性弹性模型。以往对 3 级坝很少采用有限元法分析，考虑到 3 级坝对尾矿堆积坝来说已是相当高的级别，为提高分析评价水平，本规范规定了 1 级～3 级坝宜采用有限元法进行分析。

6.0.10、6.0.11 在评价尾矿库安全稳定时，我国现行各标准通常采用极限平衡法，按正常运行、洪水运行、特殊运行三种情况下进行运算。第 6.0.11 条将坝坡抗滑稳定安全系数分别按简化毕肖普法和瑞典圆弧法列表，其数据来源于国家现行标准《选矿厂尾矿设施设计规范》ZBJ 1 和《碾压式土石坝设计规范》SL 274，这也是仅有的对尾矿堆积坝稳定性进行评价的标准，根据堆积坝浸润线的实际条件，需要时还可对全饱水条件进行计算分析。

6.0.12 国内对 3 级～5 级堆积坝的动力稳定性评价通常采用拟静力法进行计算，此法国内应用的比较多，有比较多的工程实例。对 1、2 级堆积坝的动力稳定性分析通常还采用二维或三维有限元方法进行计算分析。不过目前国内还没有统一的计算模型。但比较公认的是，二维或三维有限元动力稳定性分析的计算单元多，影响坝体稳定性因素考虑的也比较多，输入的地震曲线也考虑了其相似性，比拟静力法计算提高了一步。本规范根据国内许多专家的意见，将要求采用有限元法进行动力分析的坝的等级也从 2 级改为 3 级。

6.0.14 对尾矿坝饱和砂土类土和粉土的液化判别方法，目前还不很一致。譬如判别深度上和执行规范上也有不同看法，在这里未作硬性规定。应视坝体的具体情况和任务书要求进行判别。二维时程分析法计算可按现行国家标准《构筑物抗震设计规范》GB 50191 的规定进行。

7 勘察文件编制

7.0.1 原始资料是岩土工程分析评价和编写岩土工程勘察报告的基础，重视和加强对原始资料的整理。检查和分析是保证勘察文件编制工作和成品报告质量的基本条件，因此，本条强调了勘察文件的编制所依据的原始资料的重要性，只有在确定原始资料准确、完善的前提下，才能使勘察文件做到资料齐全、论证有据、评价正确、建议合理。

7.0.2 本条规定了岩土工程勘察报告的基本内容，鉴于堆积坝勘察任务要求、工程特点、地质条件和所需要评价的问题与一般岩土工程勘察的差异以及各堆积坝工程的侧重点的不同，对于本条规定包括的内容侧重面允许有所差异，报告编制允许有所侧重，但本条所列的内容均应在岩土工程勘察报告的覆盖之内。

7.0.3～7.0.5 这三条规定了岩土工程勘察报告的应附图表，根据需要所附的图表及附件。

8 监测

8.1 一般规定

8.1.1 尾矿堆积坝的稳定性，关系到国计民生，坝体监测应视为保障尾矿库安全运营的重要工作内容。

8.1.2 尾矿堆积坝的稳定性监测，一般包括库内水位观测、坝体渗流观测、坝坡变形观测、尾矿库周边不良地质现象监测等。具体工作中需要哪些监测内容，应结合实际情况确定，并有针对性地选用适宜的观测手段。

8.1.3 监测资料应随时整理，及时分析，建立险情速报机制，使监测成果发挥应有的作用。

8.2 日常巡视

8.2.1 尾矿堆积坝是动态水工建筑。其筑坝工艺、坝顶标高、库内水位、坝体浸润线以及库区环境的变化，均可影响尾矿堆积坝的稳定性。因此，日常巡视是发现隐患并及时处理的有效手段。

8.2.2 巡视工作要有翔实记录，重点部位应绘制草图或拍照、录像。

8.2.3 巡视工作要有连贯性，巡视周期可根据尾矿库运营情况和不利因素变化情况进行调整，但出现险情时应进行不间断的值守。

8.3 地下水和库内水位监测

8.3.1 地下水浸润线是无压渗流场的自由渗流边界，在尾矿堆积坝成层复杂的条件下，难以精确测定。限于目前工程中习惯用浸润线进行渗流稳定性评价，因此，条文中以观测井水位视为浸润线标高。

观测井应进行动态管理，对失效的观测井要及时修复，并随坝体加高适时增加观测井。

8.3.2 鉴于尾矿堆积坝层理复杂，为了解不同层位水头的差异性，可在不同层位埋设孔隙水压力计进行观测。仪器的选择应根据压力大小、观测精度、参照产品使用说明进行采购。目前，国内多采用振弦式孔隙水压力计。

8.3.3 库内水位变化直接影响坝体浸润线的高低和坝坡的稳定性，特别是洪水期和解冻期，应警惕库内水位发生突变。

对溢流水观测，除观测其流量变化，更应注意溢流水的浑浊程度，分析发生管涌的可能性

8.4 坝体变形监测

8.4.1 在实际工作中，置于坝坡面上的同一测点，其变形可划分为水平位移和竖向位移两个向量。因此，条文中没有单独提出沉降观测一词。变形观测精度沿用测绘标准，观测网的布置可结合坝体规模、地形条件以及所采用的仪器设备，综合考虑确定。

8.4.2 坝体分层水平变形观测，主要是针对已有变形隐患的坝坡采取的一种监测手段。目的是分析判断滑动面的深度。基于这方面新的技术资料较少，条文中仅提出延用测斜管和测斜仪的观测方法，也可以选用其他的先进方法。

9 加固与治理

9.1 一般规定

9.1.2 岩土工程中采用的边坡治理和加固措施很多。岩土工程的实践证明，减载、边坡开

挖和压坡、排水和防渗等常规治理措施对提高边坡自身的稳定性非常有效，应优先考虑采用，若仍不能满足边坡稳定要求，再考虑采用其他加固措施。这一原则对于尾矿堆积坝边坡的治理和加固同样适用。针对尾矿堆积坝边坡实际存在的问题，合理选择相应的治理与加固措施，充分发挥不同措施的作用，可以使采用的方案达到技术可行和经济合理的目的。

9.2 加固和治理

9.2.1 尾矿堆积坝体出现裂缝的原因很多，侧如滑坡、沉陷、干裂、冻融，振动等，本条不涉及滑坡裂缝（可另见第 9.2.4 条条文说明）。

1 对于缝深不大于 5m 的裂缝，待裂缝发展稳定后可采用开挖回填法治理。开挖深度应超过裂缝最大深度 0.3m～0.5m，开挖长度应超出裂缝两端不小于 2m，开挖前可灌注石灰浆水，以显示裂缝范围。开挖长度应超过裂缝两端各 1m；开挖深度超过裂缝底部 0.3m～0.5m；开挖坑槽底部宽度至少 0.5m；开挖边坡应满足稳定及新、旧填土结合的要求。

2 采用充填式灌浆处理裂缝时，应根据隐患探测和分析成果做好灌浆设计，按设计施工。

9.2.4 本条内容适用于已滑动且滑坡体已相对稳定或滑动极为缓慢的坝体滑坡，或经过临时抢护需进行永久性处理的坝体滑坡。

滑坡处理前，应严格防止雨水渗入裂缝内，可用塑料薄膜等覆盖封闭滑坡裂缝，同时应在裂缝上方开挖截水沟，拦截和引走坝面的雨水。

在一般岩土工程中，对滑坡的治理首先是根据滑坡产生的原因和具体情况，采用开挖回填、加培缓坡、压重固脚、导渗排水等多种方法进行综合处理。本条对尾矿坝体滑坡治理的措施就是按照这一原则结合尾矿坝的具体条件制定的。

1 压重固脚常用的有镇压台和压坡体两种形式，应根据当地土料、石料资源和滑坡的具体情况采用。镇压台和压坡体应沿滑坡段全面铺筑，并伸出滑坡段两端各 5m～10m，其高度和长度应通过稳定分析确定。一般石料镇压台的高度为 3m～5m；压坡体的高度为滑坡体高度的 1/2 左右，边坡为 1∶3.5～1∶5。

2 在放缓坝坡的方法中推荐采用增设马道放缓平均坝坡的方法，放缓的坝坡由稳定计算确定。马道宽度不宜小于 2m，马道间高差为 5m～10m。当边坡总高度较大时（如大于 40m），可在坡高的 1/2 稍高处设置宽平台。平台宽度应根据边坡的整体稳定和局部稳定要求，经计算确定。

9.3 抢险治理方案

9.3.2

1 抢筑子堤可采用下述方法修筑：

1）用土袋抢筑子堤：

先清理尾矿堆积坝顶的杂物并耙松表土，再用草袋、土工织物袋、麻袋或蒲包等装土七成左右，将袋口缝紧，铺于子堤的迎水面。铺砌时袋口应向背水侧互相搭接，用脚踩实，上、下层土袋错缝砌筑。当土袋铺叠至预计水位以上时，在土袋背水面填土夯实。填土的背水坡比不得陡于 1∶1。

2）木板或埽捆子堤：

在缺土、浪大、坝顶较窄的场合下，可先在坝顶距上游边缘约 0.5m～1.0m 处打小木桩一排，木桩长 1.5m～2.0m，入土 0.5m～1.0m，桩距 1.0m。其次在木桩的背水侧用钉子、铅丝将单层木板或预制的埽捆（长 2m～3m，直径约 0.3m）钉（捆）牢。然后在其下游填土加戗，形成加高的子堤。

9.3.3 漏洞的抢修按“前堵后排，堵排并举，抢早抢小，一气呵成”的原则进行，即在临水坡堵塞漏洞进水口，截断漏水来源，在背水坡导渗排水，防止险情扩大。当漏洞进口部位明显且较大时，可用投物塞堵洞口或围堰隔断进水；当进口部位不明显时，可用土工膜或篷布盖堵方法堵塞漏洞进口。背水导排应根据具体情况采用相应的措施：当漏洞出水口小而多且漏水量不大时，可用反滤压盖法；当漏洞出口只有一处或较集中且流量较大时，可用反滤围井法。具体做法可参照国家现行标准《土石坝养护修理规程》SL 210 的要求进行。

管涌和流土的抢修应按照“反滤导渗，控制涌水，留有渗水出路”的原则进行，一般在背水面进行抢修，具体的方法可参照国家现行标准《土石坝养护修理规程》SL 210 的有关内容。

二、行业标准

土地复垦方案编制规程 第1部分：通则 TD/T 1031.1—2011

1 范围

TD/T 1031 的本部分规定了生产建设活动损毁土地复垦方案编制的总则、程序、方法、内容和成果要求。

本部分适用于以下损毁类型的土地复垦方案编制：

——露天采矿、烧制砖瓦、挖沙取土等地表挖掘所损毁的土地；

——地下采矿等造成地表塌陷的土地；

——堆放采矿剥离物、废石、矿渣、粉煤灰、冶炼渣等固体废弃物压占的土地；

——能源、交通、水利等基础设施建设和其他生产建设活动临时占用所损毁的土地；

——法律规定的其他生产建设活动造成损毁的土地。

2 规范性引用文件

下列文件对于本文件的应用是必不可少的。凡是注日期的引用文件，仅注日期的版本适用于本文件。凡是不注日期的引用文件，其最新版本（包括所有的修改单）适用于本文件。

GB 3100—3102 量和单位

GB 3838—2002 地表水环境质量标准

GB 11607 渔业水质标准

GB 15618—1995 土壤环境质量标准

GB/T 16453—2008 水土保持综合治理 技术规范

GB/T 18337.2—2001 生态公益林建设 技术规程

GB/T 19231—2003 土地基本术语

GB/T 21010—2007 土地利用现状分类

GB 50007—2002 建筑地基基础设计规范

GB 50288—1999 灌溉与排水工程技术规范

HJ/T 192—2006 生态环境状况评价技术规范（试行）

LY/T 1607—2003 造林作业设计规程

NY/T 1120—2005 耕地质量验收技术规范

NY/T 1634—2008 耕地地力调查与质量评价技术规程

NY/T 1342—2007 人工草地建设技术规程

TD/T 1007—2003 耕地后备资源调查与评价技术规程

TD/T 1014—2007 第二次全国土地调查技术规程

UDC-TD 土地复垦技术标准

3 术语与定义

下列术语和定义适用于本文件。

3.1

土地复垦 land reclamation

对生产建设活动和自然灾害损毁的土地，采取整治措施，使其达到可供利用状态的活动。

3.2

土地复垦率 land reclamation rate

复垦的土地面积占复垦责任范围土地面积的百分比。

3.3

生产项目 production project

具有相应审批权的国土资源管理部门批准采矿权的开采矿产资源、挖沙采石、烧制砖瓦等项目。

3.4

建设项目 construction project

依法由国务院和各级人民政府批准建设用地的交通、水利、能源等项目。

3.5

露天开采 opencast mining

将矿藏上的覆盖物（包括岩石、土壤等）剥离后开采显露矿层的采掘方式。

3.6

地下开采 underground mining

通过挖掘井巷进入地下开采矿石的采掘方式。

3.7

土地损毁 land destruction

人类生产建设活动造成土地原有功能部分或完全丧失的过程，包括土地挖损、塌陷、压占和污染等损毁类型。

3.8

土地挖损 land excavation

因采矿、挖沙、取土等生产建设活动致使原地表形态、土壤结构、地表生物等直接摧毁，土地原有功能丧失的过程。

3.9

土地塌陷 land subsidence

因地下开采导致地表沉降、变形，造成土地原有功能部分或全部丧失的过程。

3.10

土地压占 land occupancy

因堆放剥离物、废石、矿渣、粉煤灰、表土、施工材料等，造成土地原有功能丧失的过程。

3.11

土地污染 land pollution

因生产建设过程中排放的污染物，造成土壤原有理化性状恶化、土地原有功能部分或全部丧失的过程。

3.12

永久性建设用地 permanent construction land

依法征收并用于建设工业场地、公路和铁路等永久性建筑物、构筑物及相关用途的土地。

3.13

复垦区 reclamation area

生产建设项目损毁土地和永久性建设用地构成的区域。

3.14

土地复垦责任范围 land reclamation responsibility range

复垦区中损毁土地及不再留续使用的永久性建设用地构成的区域。

3.15

表土 topsoil

能够进行剥离的、有利于快速恢复地力和植物生长的表层土壤或岩石风化物。不限于耕地的耕作层，园地、林地、草地的腐殖质层，其剥离厚度根据原土壤表土层厚度、复垦土地利用方向及土方需要量等确定。

3.16

生态恢复 ecological restoration

人工修复或重建因生产建设活动损毁的生态系统，使其达到系统自维持状态的过程。

3.17

土地复垦单元 land reclamation unit

复垦方向、标准、措施基本一致的待复垦土地单元。

4 总则

生产建设项目土地复垦方案编制应总体遵循以下原则：

——凡已经或可能对土地造成损毁的生产建设项目，土地复垦义务人应当编制土地复垦方案。

——对已投产、已建成或正在建设的生产建设项目，应针对尚未履行的复垦义务补充编制土地复垦方案；新建、改扩建生产建设项目应在项目可行性研究或初步设计阶段完成土地复垦方案的编制工作。

——生产建设项目性质、规模、地点或所采用的生产工艺等发生重大变化的，复垦义务人应重新编制土地复垦方案。

——土地复垦方案包括“土地复垦方案报告书”和“土地复垦方案报告表”。依法由国务院审批的建设用地项目和按有关规定由省（自治区、直辖市）级以上国土资源主管部门审批的采矿权项目，应编制报告书，并填写报告表；其他生产建设项目可编制土地复垦方案报告表。土地复垦方案报告书编制格式参见附录A；土地复垦方案报告表编制参见附录B。

——生产建设服务年限超过5年的，原则上以5年为一个阶段编制复垦方案服务年限内的土地复垦工作安排；并详细制定第一个5年的阶段土地复垦计划，分年度细化5年内的土地复垦任务及费用安排；剩余生产建设服务年限少于5年的，按剩余年限编制阶段土地复垦计划。生产建设服务年限不超过5年的，应分年度细化土地复垦任务及费用安排，并制定第1个年度的土地复垦实施计划；年度土地复垦实施计划应达到指导土地复垦工程施工的深度。

——土地复垦方案中应对土地复垦费用安排做出详细说明，包括土地复垦费用的来源、管理与使用等。土地复垦义务人应与项目所在地县级国土资源主管部门，或与项目所在地县级国土资源主管部门和银行签订土地复垦费用监管协议（参见附录G、附录H）。

——土地复垦义务人和土地复垦方案编制单位应对方案的真实性和科学性负责。

5 土地复垦方案编制程序

土地复垦方案编制程序如图1所示。

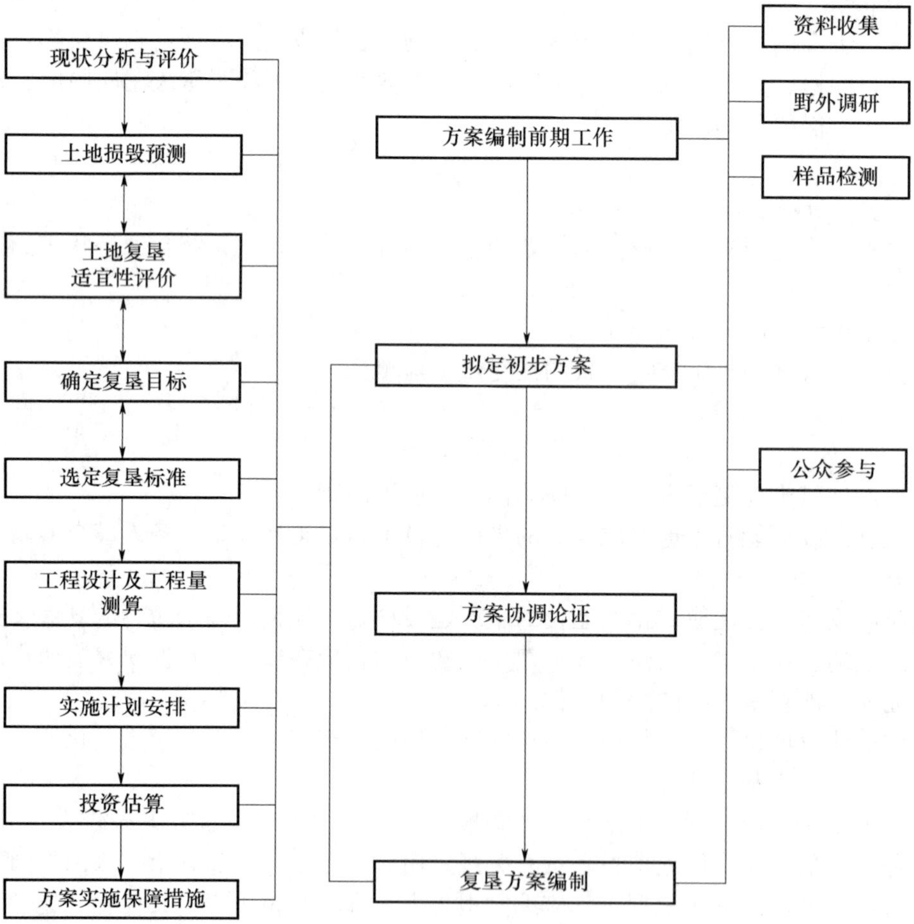

图1 土地复垦方案编制程序

5.1 前期工作

5.1.1 资料收集

收集复垦区及周边自然地理、生态环境、社会经济、土地利用现状与权属、项目基本情况等与土地复垦有关的资料。

5.1.2 野外调研

实地调查复垦区土壤、水文、水资源、生物多样性、土地利用、土地损毁等情况。针对不同土地利用类型区，挖掘土壤剖面，采集土壤样品。

对复垦区已损毁未复垦的土地，应查清损毁范围、程度与面积；对复垦区已损毁已复垦的土地，应调查复垦所采用的主要标准和措施以及复垦效果。

采用类比方法调查收集项目周边地区可借鉴的土地复垦工程案例，包括土地损毁类型、复垦标准和措施、费用使用等情况。

野外调查应采集相应的影像、图片资料，并做文字记录。

5.1.3 样品检测

分析土壤理化性质及与生产建设项目相关的特征污染物。

5.1.4 公众调查

调查公众对土地复垦利用方向的意愿，以及对复垦标准与措施的意见。

调查对象应包括土地复垦义务人、土地使用权人、土地所有权人、政府相关部门（国土、城建、林业、水利、农业、环保）、土地复垦专家及相关权益人。

调查宜采用座谈会、问卷调查、走访及媒体公告形式。

5.2 拟定初步方案

对生产建设项目的自然地理、生态环境、社会经济、土地利用状况和生产（建设）工艺等进行分析与评价，合理确定土地复垦方案服务年限，进行土地损毁预测与土地复垦适宜性评价，选定土地复垦标准、措施，明确土地复垦目标，确定复垦费用来源，初步拟定土地复垦方案。

5.3 方案协调论证

对初步拟定的土地复垦方案广泛征询土地复垦义务人、政府相关部门（国土、城建、林业、水利、农业，环保）、土地使用权人和社会公众的意愿，从组织、经济、技术、费用保障、复垦目标以及公众接受程度等方面进行可行性论证。

5.4 编制复垦方案

依据方案协调论证结果，确定土地复垦标准，优化工程设计，完善工程量测算及投资估算，细化土地复垦实施计划安排以及费用、技术和组织管理保障措施，编制详细土地复垦方案。

6 土地复垦方案编制内容

6.1 前言

6.1.1 编制背景及过程

说明方案的编制背景及过程。

6.1.2 复垦方案摘要

内容应包括：

——生产建设项目服务年限及土地复垦方案服务年限；

——方案涉及的各类土地面积，含项目区面积、复垦区面积、永久性建设用地面积、复垦责任范围面积、征（租）地面积；

——土地损毁情况，含已损毁和拟损毁土地的面积、地类、损毁类型和程度；

——土地复垦目标，含拟复垦土地的地类、面积和复垦率；

——复垦的投资情况，含静态总投资、动态总投资和单位面积投资。

6.2 编制总则

6.2.1 编制目的

从落实土地复垦的法律法规和政策要求、保证土地复垦义务落实、合理用地、保护耕地、防止水土流失、恢复生态环境及保护生物多样性方面说明土地复垦方案编制的目的。

6.2.2 编制原则

根据项目自身特点以及当地自然地理、生态环境与社会经济发展情况，依据国家法律法规及相关政策规定，按照经济可行、技术科学合理、综合效益最佳和便于操作的要求，说明土地复垦方案编制应体现的原则。

6.2.3 编制依据

应包括相关法律法规、政策文件、标准规范、技术文件、地方规划及当地自然与社会经济资料。

6.3 项目概况

6.3.1 项目简介

生产项目说明项目名称、地理位置、隶属关系、企业性质、项目类型、生产开采方式、生产规模与能力、生产服务年限或剩余使用年限、项目范围等。

建设项目应说明项目名称、工程类型、项目位置、项目组成、投资规模、建设期限、用地规模及用地性质等。

应提供有关部门批复的项目范围拐点坐标及相应的投影参数。列表说明项目用地构成及规模，提供项目总平面布置图。

6.3.2 项目区自然概况

6.3.2.1 地理位置

项目区的地理坐标、所在省（自治区、直辖市）、市、县的位置及交通状况。附项目区地理位置图。

6.3.2.2 地貌

说明项目区的地貌类型和海拔高度。附项目区典型地形地貌图片。

6.3.2.3 气候

说明项目所在地的降水、蒸发、日照、温度、积温、最大冻土深度、无霜期、风向与风速等气象特征。

6.3.2.4 土壤

说明项目区的主要土壤类型及其分布特征。

6.3.2.5 生物

说明项目区所在地的天然植被和人工植被，附不同植被类型图片。

天然植被包括地带性植物群落类型、组成、结构、分布、覆盖度（郁闭度）和高度。

人工植被包括当地栽植的乔木林、灌木林、人工草地及农作物类型。

6.3.2.6 水文

说明项目所在区域地表水系及地下水赋存情况。地表水系包括径流量和水质特征；地下水赋存情况包括主要含水层（浅部）、隔水层、赋存条件、潜水埋深。附地表水系图。

6.3.2.7 地质

说明项目区的地层、岩性、地质构造等。附地层综合柱状图。

6.3.3 项目区社会经济概况

说明项目区近3年的乡（镇）人口，农业人口、人均耕地、农业总产值、财政收入、人均纯收入、农业生产状况，并注明资料来源。

6.3.4 项目区土地利用状况

说明项目区土地利用类型、数量和质量。结合典型土壤剖面图说明耕地、林地、草地等不同土地利用类型的表土层厚度、土壤质地、有机质含量以及pH值等主要理化性质。

6.4 土地复垦方向可行性分析

6.4.1 土地损毁分析与预测

6.4.1.1 土地损毁环节与时序

说明生产建设过程中可能导致土地损毁的生产建设工艺及流程。附项目生产工艺流程图或施工工艺流程图。

结合生产建设工艺及流程，列表或图示说明生产建设过程中对土地损毁的形式、环节及时序。

6.4.1.2 已损毁土地现状

明确项目区已损毁土地的损毁类型、范围、面积及损毁程度。

分析已损毁土地被重复损毁的可能性，说明已损毁土地已复垦情况，包括复垦面积、范围、复垦方向及复垦效果。附损毁土地及复垦情况图片。

6.4.1.3 拟损毁土地预测

依据项目或工程类型、生产建设方式、地形地貌特征等，确定拟损毁土地的预测方法，预测拟损毁土地的方式、类型、面积、程度。

生产服务年限较长的生产项目需分时段和区段预测土地损毁的方式、类型、面积、程度，并结合对土地利用的影响进行土地损毁程度分级。分级应参考国家和地方相关部门规定的划分标准，也可结合类比确定。

6.4.1.4 复垦区与复垦责任范围确定

依据土地损毁分析与预测结果，合理确定复垦区与复垦责任范围，应提供西安80系拐点坐标。

6.4.2 复垦区土地利用状况

6.4.2.1 土地利用类型

列表说明复垦区及复垦责任范围内土地利用类型、数量、质量、损毁类型与程度，应说明基本农田所占比例、农田水利和田间道路等配套设施情况、主要农作物生产水平。

土地利用现状分类体系应采用GB/T 21010—2007，明确至二级地类。土地利用现状的统计数据应与所附的土地利用现状图上的信息一致。

土地利用现状表参见附录F。

6.4.2.2 土地权属状况

说明复垦区土地所有权、使用权和承包经营权状况。集体所有土地权属应具体到行政村或村民小组。需要征（租）收土地的项目应说明征（租）收前权属状况。

土地利用权属表参见附录 F。

6.4.3 生态环境影响分析

预测分析土地损毁对复垦区及周围环境土壤资源、水资源、生物资源可能产生的影响。

6.4.4 土地复垦适宜性评价

根据对损毁土地的分析和预测结果，划分评价单元、选择评价方法。

明确评价依据及过程，列表说明各评价单元复垦后的利用方向、面积、限制性因素。

依据土地利用总体规划及相关规划，按照因地制宜的原则，在充分尊重土地权益人意愿的前提下，根据原土地利用类型、土地损毁情况、公众参与意见等，在经济可行、技术合理的条件下，确定拟复垦土地的最佳利用方向（应明确至二级地类），划分土地复垦单元。

土地复垦适宜性评价方法与步骤参见附录 C。

6.4.5 水土资源平衡分析

应结合复垦区表土情况、复垦方向、标准和措施，进行表土量供求平衡分析。

需外购土源的，应说明外购土源的数量、来源、土源位置、可采量，并提供相关证明材料。无土源情况下，可综合采取物理、化学与生物改良措施。

复垦工程中涉及灌溉工程的，应进行用水资源分析，明确用水水源地和水量供需及水质情况。

6.4.6 复垦的目标任务

依据土地复垦适宜性评价结果，确定土地复垦的目标任务，包括拟复垦土地的地类、面积和复垦率，编制复垦前后土地利用结构调整表。

复垦前后土地利用结构调整表参见附录 F。

6.5 土地复垦质量要求与复垦措施

6.5.1 土地复垦质量要求

依据土地复垦相关技术标准，结合复垦区实际情况，针对不同复垦方向提出不同土地复垦单元的土地复垦质量要求。

土地复垦质量制定不宜低于原（或周边）土地利用类型的土壤质量与生产力水平。复垦为耕地的应符合当地省级土地开发整理工程建设标准的要求；复垦为其他方向的建设标准应符合相关行业的执行标准。

6.5.2 预防控制措施

根据项目开采（建设）工艺，说明生产建设过程中为减少土地损毁拟采取的预防与控制措施。

6.5.3 复垦措施

6.5.3.1 工程技术措施

按照项目所在地区自然环境条件和复垦方向要求，说明不同土地复垦单元拟采用的工程技术措施，包括充填工程、土壤剥覆工程、平整工程、坡面工程、清理工程、灌排工程、疏排水工程、集雨工程、道路工程等，参见附录 D。

6.5.3.2 生物和化学措施

说明不同土地复垦单元拟采用的恢复植被、改良土壤等生物或化学措施。

生物措施中应明确植物种植的立地条件，以及所选取植物的生态学特性。

6.5.4 监测措施

针对不同复垦单元制定合理的土地损毁和复垦效果的监测措施。

6.5.5 管护措施

根据项目特点以及所在区域的自然特征，提出复垦土地以及主要复垦工程的针对性管护措施。

6.6 土地复垦工程设计及工程量测算

6.6.1 工程设计

根据确定的土地复垦方向和质量要求，针对不同土地复垦单元不同措施进行复垦工程设计。

——工程措施的设计内容包括确定各种措施的主要工程形式及其主要技术参数。工程措施的设计可根据项目类型、生产建设方式、地形地貌、区域特点等有所侧重，主要工程设计应附平面布置图、剖面图、典型工程设计图。

——生物措施的设计内容包括植物种类筛选、苗木（种子）规格、配置模式、密度（播种量）、土壤生物与土壤种子库的利用、整地规格等。

——化学措施的设计内容包括复垦土地改良以及污染土地修复等。

——监测措施的设计内容包括监测点的数量、位置及监测内容（土地损毁情况与土地复垦效果）。

——管护措施的设计内容包括管护对象、管护年限、管护次数及管护方法。

6.6.2 工程量测算

根据不同土地复垦单元工程措施、生物措施、化学措施、监测和管护措施的设计内容，分别测算复垦工程量并列表汇总。

6.7 土地复垦投资估算

土地复垦费用估算应综合考虑损毁前的土地类型、实际损毁面积、损毁程度、复垦标准、复垦用途和完成复垦任务所需的工程量等因素。

6.7.1 估算说明

说明投资估算编制原则、依据和方法。主要包括采用的定额标准、价格水平、人工预算单价、基础单价计算依据和费用计算标准。

说明土地复垦费用构成。包括工程施工费、设备费、其他费用（前期工作费、工程监理费、竣工验收费、业主管理费）、监测与管护费以及预备费（基本预备费、价差预备费和风险金）。

说明土地复垦总投资、单位面积投资等技术经济指标。

6.7.2 估算成果

根据土地复垦工程量，测算土地复垦静、动态投资总额和单位面积投资额。附测算总表、各分项单表和工程单价表。

土地复垦投资估算费用测算表格参见附录E。

6.8 土地复垦服务年限与复垦工作计划安排

6.8.1 土地复垦服务年限

应说明土地复垦方案服务年限及确定依据。

6.8.2 土地复垦工作计划安排

土地复垦工作计划安排中，应根据土地损毁预测情况，结合土地复垦方案服务年限，合理划分复垦工作的阶段，原则上以5年为一阶段进行土地复垦工作安排。应明确每一阶段的复垦目标、任务、位置、单项工程量和费用安排。具体参见附录F。

生产建设服务年限超过5年的，除按照上述要求编制复垦方案服务年限内的复垦工作计划安排外，还应分年度详细编制第一个5年内的阶段土地复垦计划；阶段土地复垦计划应明确阶段土地复垦目标、任务、位置、主要措施和分部工程量、投资概算及组成。生产建设服务年限不超过5年的，应分年度细化土地复垦任务及费用安排，并制定第1个年度土地复垦实施计划；年度土地复垦实施计划应明确年度土地复垦目标、任务、位置、各种措施的主要结构形式、技术参数和分项工程量、投资预算及组成。

6.8.3 土地复垦费用安排

土地复垦费用安排应明确土地复垦费用来源。土地复垦费用来源指生产成本与建设项目总投资。

应根据土地复垦工作计划安排，明确土地复垦任务所需费用安排的具体方案。费用安排应遵循提前预存、分阶段足额预存原则，在项目生产建设服务年限结束前1年预存完毕所有费用，并根据土地复垦工作计划安排提供土地复垦动态费用阶段安排表，参见附录F。

对于土地复垦义务人已缴纳的矿山环境治理等费用中涉及土地复垦工程内容的，在提供相关证明材料后，可在土地复垦费用安排方案中做相应说明。

6.9 土地复垦效益分析

根据土地复垦利用方向和标准，综合分析复垦土地的经济、社会和生态效益。不同地域、不同生产建设项目的经济、社会和生态效益选取指标可有所侧重。

6.10 保障措施

6.10.1 组织保障措施

明确土地复垦方案实施的组织机构及其职责。

明确土地复垦实施方式，包括复垦义务人自行复垦、委托中介机构复垦、缴纳复垦费由国土资源主管部门代复垦等方式。

6.10.2 费用保障措施

明确建立土地复垦费用专用账户存储、土地复垦费用专项使用的具体财务管理制度。明确接受国土资源主管部门对费用使用、管理进行监督的方式方法等措施，包括分阶段签订“土地复垦费用监管协议”等。明确不得截留、挤占、挪用土地复垦费用的保障措施。

明确对土地复垦费用使用情况开展内部审计及接受有关部门对土地复垦费用使用情况审计的措施。

6.10.3 监管保障措施

明确土地复垦义务人编制并实施土地复垦方案、阶段土地复垦计划和年度土地复垦实施计划，定期向项目所在地县级以上国土资源主管部门报告当年复垦情况，接受县级以上国土资源主管部门对复垦实施情况监督检查，接受社会对土地复垦实施情况监督等的保障措施。

明确土地复垦义务人不履行复垦义务，按照法律法规和政策文件的规定，自觉接受国土资源主管部门及有关部门处罚的保障措施。

6.10.4 技术保障措施

说明土地复垦实施的技术保障措施，包括定期培训技术人员、咨询相关专家、开展科学试验、引进先进技术，以及对土地损毁情况进行动态监测和评价等。

明确土地复垦义务人实施表土剥离及保护、不将有毒有害物用作回填或者充填材料、不将重金属及其他有毒有害物污染的土地用作种植食用农作物等的保障措施。

6.10.5 公众参与

制定全面、全程的公众参与方案，公众参与形式及内容应公开、科学、合理。

——公众参与人员应包括复垦区土地使用者、集体所有者、土地复垦义务人、周边地区受影响社会公众以及土地管理及相关职能部门等的代表人。

——公众参与环节应包括方案编制前期、方案编制过程中以及方案实施期间。

——公众参与内容主要包括土地复垦利用方向、复垦标准、复垦措施和权属调整。

——公众参与形式可选择座谈、问卷调查、走访、网络、电视、广播、报纸、公告、公示等形式。

——提供公众参与反馈意见处理结果，对公众意见的采纳与不采纳情况及其理由应做出说明。

——附公众参与相关影像、图片资料。

6.10.6 土地权属调整方案

明确权属调整的程序、范围、原则和措施。

7 土地复垦方案编制成果

7.1 报告

a）土地复垦方案报告书；

b）土地复垦方案报告表。

7.2 附图

a）复垦区土地利用现状图（盖有县级国土资源管理部门的公章）；

b）复垦区土地损毁预测图；

c）复垦区土地复垦规划图。

注：附图应有图名、图例、线段比例尺、指北针、制图单位、制图人、制图时间。土地利用现状图、损毁预测图与复垦规划图的比例尺不小于1：10000（线形工程除外），应注明图内的乡镇名、水系以及图件所用坐标系和高程基准。

7.3 附件

a）土地复垦方案编制单位资质证书或业绩证明；

b）项目范围拐点坐标批复文件；

c）县级国土资源管理及相关部门意见；

d）土地复垦义务人的土地复垦承诺书；

e）土地复垦方案编制委托函；

f）已通过开发利用方案、环境影响评价报告的，应提供相应批复文件；

g）公众参与相关资料；

h）相关地区近期建设工程材料信息价格资料；

i）项目区及复垦区照片及其他影像资料；

j）其他。

附 录 A
（规范性附录）
报告编排格式

A.1 报告构成

报告按封面、扉页、土地复垦方案编制单位资质证书、目录、报告正文和附件的顺序编排，封面和扉页按图 A.1～图 A.2 的样式编排。

在报告正文最后可增加补充说明和引用文献名称。

A.2 报告编写要求

报告内容完整、层次分明、重点突出、配套图表齐全。

报告文字使用《现代汉语通用字表》规范字，用阿拉伯数字或科学计数法表示数量。

标点符号符合 GB/T 15834—1995《标点符号用法》的规定。

计量单位名称和符号按《中华人民共和国法定计量单位》选用。文字后用单位名称表示，数字后面用单位符号表示，同一报告要统一。

引用的资料与成果应当正确，并明确其来源或依据。

报告原稿装订时，所有图表均应折叠整齐，大小与所用稿纸一致，装订部位一律位于左侧装订线处。

A.3 报告格式

A.3.1 层次划分与编号

报告层次分为章、节、条、项和小项等 5 个层次。章、节、条的编号采用阿拉伯数字表示，除章居中外其他一律左起顶格书写，层次之间在数字右下角加圆点，编号与标题之间空一格，如第 1 章第 2 节，应写成“1.2　编制原则”。项用带半括号的英文小写字母书写如 a）、b）、c）……。小项用半括号的阿拉伯数字书写如 1）、2）、3）……。

章、节、条有标题，标题后面不应该有标点符号，并单独成一行，与正文分开，项根据情况可设或不设标题，但在同一章中必须统一设或统一不设标题。

章的编号应在同一文件内自始至终连续排列，节的编号应在所属章内连续排列，其余类同。

章和节下面不允许直接设项和小项，如遇到并列的语句时，可采用破折号加以区别。

A.3.2 字体与字号

章采用三号黑体，节采用小三号黑体，条采用四号黑体，项、小项及正文采用小四号仿宋体，英文字母和数字采用 Times New Roman 字体，表名与图名采用 5 号黑体。

A.3.3 表格的规定

A.3.3.1 表的用法

当用表提供信息更有利于报告的理解时，则宜用表。每个表在报告中均应明确提及。

A.3.3.2 编号与表名

表格应有编号和表名。表的编号由“表”、“章号”和阿拉伯数值组成，例如第1章的第一个表应为“表1-1”，表的编号应在所属章内连续排列。表格边框用实线封闭，编号和表名应在表格上方居中位置，编号和表名之间空一格。

当表格须转页续排时，在随后的各页上应重复表的编号和表名，并在续表的编号前加“续”字，如“表1-2”的续表应为“续表1-2”，续表均应重复表头及与单位有关的陈述。

A.3.3.3 表格中的计量单位

当所有的计量单位都相同时，则应在表的右上角注明单位，如表A.1。

表A.1 表格计量单位示例 单位：mm

类　型	长　度	内直径	外直径
A	150	30	50

A.3.3.4 表的注释

表的注释书写在表格底线下左起顶格。写上“注”字后加冒号“：”，再写上序号①、②……和注释文字，每条注释应另起行，编号对齐，除末条结束后加句号外“。”，其余各条结束后，可视情况加分号“；”或句号“。”，当同一条注释内容较长时应另行书写，移行时，与开始书写文字的位置齐平。

A.3.3.5 表中的说明

表中文字说明，每句后面加标点符号，但最后一句不加标点符号。

A.3.3.6 表中文字的规定

表中文字采用五号仿宋体，数字采用Times New Roman字体，如果表格大小与页面不符，可调整表中文字字号，但不应大于正文文字。

A.3.3.7 其他规定

表头和表中各栏不允许出现斜线，某些栏无内容填写时用短横线表示，如表A.2。

表A.2 示例表

<table>
<tr><th rowspan="2">X</th><th colspan="3">Y</th></tr>
<tr><th>a</th><th>b</th><th>c</th></tr>
<tr><td>A</td><td>—</td><td>10</td><td>—</td></tr>
</table>

表中相邻参数（竖向计量单位）的数字或文字内容相同时，不得使用类似“同上”、“同左”或“″”的文字和符号，而应逐个填写或以通栏表示，通栏表示方法如表A.3。表格宽度应满幅编排。

表A.3 示例表

<table>
<tr><th rowspan="2">项　目</th><th>a</th><th>b</th><th>c</th><th>d</th></tr>
<tr><th colspan="3">mm</th><th>Pa</th></tr>
<tr><td>A</td><td>150</td><td rowspan="2">200</td><td>50</td><td>25</td></tr>
<tr><td>B</td><td>200</td><td>60</td><td>25</td></tr>
</table>

A.3.4 图的规定

报告中的图应有编号和图名，图的编号由“图”、“章号”和阿拉伯数值组成，例如第1章的第一个图应为“图1-1”，图的编号应在所属章内连续排列。编号和图名位于图的下方居中，编号和图名之间空一格。

A.3.5 公式的规定

报告中的公式应按章编号，并加圆括号“()”，书写在每条公式右侧。公式中的“式中”左起顶格书写，接着加冒号“：”，空一个字以后，接写符号的注释，符号与注释之间加破折号“——”。每个符号的注释内容较多需要回行时，文字在破折号后面对齐。

×××项目
土地复垦方案报告书

（一号黑体字）

项目单位：××（小三号黑体字）（公章）

编制单位：××（小三号黑体字）（公章）

××年××月××日（小三号黑体字）

图 A.1 土地复垦方案报告封面格式

×××项目
土地复垦方案报告书

（二号黑体字）

项目名称：××（四号仿宋体字）

项目单位：
（个人）　××（四号仿宋体字）

单位地址：××（四号仿宋体字）

联 系 人：××（四号仿宋体字）

联系电话：××（四号仿宋体字）

送审时间：××（四号仿宋体字）

图 A.2　土地复垦方案报告书扉页格式

附 录 B
（规范性附录）
土地复垦方案报告表

表 B.1 土地复垦方案报告表

<table>
<tr><td rowspan="10">项目概况</td><td colspan="2">项目名称</td><td colspan="3"></td></tr>
<tr><td colspan="2">单位名称</td><td colspan="3"></td></tr>
<tr><td colspan="2">单位地址</td><td colspan="3"></td></tr>
<tr><td colspan="2">法人代表</td><td></td><td>联系电话</td><td></td></tr>
<tr><td colspan="2">企业性质</td><td></td><td>项目性质</td><td></td></tr>
<tr><td colspan="2">项目位置</td><td colspan="3"></td></tr>
<tr><td colspan="2">资源储量</td><td>（建设项目不填写）</td><td>生产能力
（或投资规模）</td><td></td></tr>
<tr><td colspan="2">划定矿区范围
批复文号</td><td>（建设项目不填写）</td><td>项目区面积</td><td></td></tr>
<tr><td colspan="2">项目位置土地利用
现状图编号</td><td colspan="3"></td></tr>
<tr><td colspan="2">生产年限
（或建设期限）</td><td></td><td>土地复垦方案
服务年限</td><td></td></tr>
<tr><td rowspan="11">方案编制单位</td><td colspan="2">编制单位名称</td><td colspan="3"></td></tr>
<tr><td colspan="2">法人代表</td><td colspan="3"></td></tr>
<tr><td colspan="2">资质证书名称</td><td colspan="2"></td><td>资质等级</td></tr>
<tr><td colspan="2">发证机关</td><td colspan="2"></td><td>编号</td></tr>
<tr><td colspan="2">联系人</td><td colspan="2"></td><td>联系电话</td></tr>
<tr><td colspan="5">主 要 编 制 人 员</td></tr>
<tr><td>姓 名</td><td>职务/职称</td><td>专 业</td><td>单 位</td><td>签 名</td></tr>
<tr><td></td><td></td><td></td><td></td><td></td></tr>
<tr><td></td><td></td><td></td><td></td><td></td></tr>
<tr><td></td><td></td><td></td><td></td><td></td></tr>
<tr><td></td><td></td><td></td><td></td><td></td></tr>
</table>

续表

复垦区土地利用现状	土地类型		面积 hm²			
	一级地类	二级地类	小计	已损毁	拟损毁	占用
	耕地					
	园地					
	林地					
	…					
	合计					

复垦责任范围内土地损毁及占用面积	类　型		面积 hm²		
			小计	已损毁或占用	拟损毁或占用
	损毁	挖损			
		塌陷			
		压占			
		…			
		小计			
	占用				
	合计				

复垦土地面积	一级地类	二级地类	面积 hm²	
			已复垦	拟复垦
	耕地			
	园地			
	林地			
	…			
	合计			
	土地复垦率%			

续表

工作计划及保障措施	说明土地复垦工作计划（主要复垦措施、工程量及投资安排）和实施保障措施。

续表

<table>
<tr><td rowspan="14">投资估算</td><td>测算依据</td><td colspan="3">说明投资估算编制的定额标准、基础单价依据和费用计算标准。</td></tr>
<tr><td rowspan="13">费用构成</td><td>序号</td><td>工程或费用名称</td><td>费用
万元</td></tr>
<tr><td>1</td><td>工程施工费</td><td></td></tr>
<tr><td>2</td><td>设备费</td><td></td></tr>
<tr><td>3</td><td>其他费用</td><td></td></tr>
<tr><td>4</td><td>监测与管护费</td><td></td></tr>
<tr><td>(1)</td><td>复垦监测费</td><td></td></tr>
<tr><td>(2)</td><td>管护费</td><td></td></tr>
<tr><td>5</td><td>预备费</td><td></td></tr>
<tr><td>(1)</td><td>基本预备费</td><td></td></tr>
<tr><td>(2)</td><td>价差预备费</td><td></td></tr>
<tr><td>(3)</td><td>风险金</td><td></td></tr>
<tr><td>6</td><td>静态总投资</td><td></td></tr>
<tr><td>7</td><td>动态总投资</td><td></td></tr>
</table>

填表人：　　　　　　　　　　　　　　　　　　　　填表日期：　　年　　月　　日

填表说明：

a）本表适用于编制“土地复垦方案报告书”和直接编制“土地复垦方案报告表”的两类土地复垦方案。

b）编制报告表的应随表附送复垦区土地利用现状图、土地复垦规划图（比例尺不得小于1：10000，线性工程除外）、土地复垦所涉及土地所有权或使用权人对本方案的意见及其他必要附件。

c）有关指标解释、编制原则、编制依据、主要计量单位等同报告书要求。

d）表内关系：

——复垦区面积为损毁土地面积和占用土地面积之和，占用土地面积指永久性建筑物、构筑物占用土地的面积。

——复垦责任范围面积为损毁土地面积和须复垦的占用土地面积之和，且小于等于复垦区面积。

——复垦土地面积小于或等于复垦责任范围面积。

附 录 C
（资料性附录）
土地复垦适宜性评价方法与步骤

C.1 评价原则和依据

C.1.1 评价原则

土地复垦适宜性评价应包括以下原则：

——符合土地利用总体规划，并与其他规划相协调。

——因地制宜原则。

——土地复垦耕地优先和综合效益最佳原则。

——主导性限制因素与综合平衡原则。

——复垦后土地可持续利用原则。

——经济可行、技术合理性原则。

——社会因素和经济因素相结合原则。

C.1.2 评价依据

主要包括国家及地方的规划和行业标准。

C.2 评价体系和评价方法

C.2.1 评价体系

评价体系分为二级和三级体系两种类型。

二级体系分成两个序列，土地适宜类和土地质量等，土地适宜类分适宜类、暂不适宜类和不适宜类，类别下面再续分若干土地质量等。土地质量等分一等地、二等地和三等地，暂不适宜类和不适宜类一般不续分。

三级体系分成三个序列，土地适宜类、土地质量等和土地限制型。土地适宜类和土地质量等续分与二级体系一致。依据不同的限制因素，在土地质量等以下又分成若干土地限制型。

C.2.2 评价方法

评价方法分为定性法和定量法分析两类。定性法是对评价单元的原土地利用状况，土地损毁、公众参与、当地社会经济等情况进行综合定性分析，确定土地复垦方向和适宜性等级。定量分析包括极限条件法、综合指数法与多因素综合模糊法等，具体评价时可以采用其中一种方法，也可以将多种方法结合起来用。

极限条件法的计算公式按式（C.1）：

$$Y_i = \min(Y_{ij}) \tag{C.1}$$

式中：

Y_i——第 i 个评价单元的最终分值；

Y_{ij}——第 i 个评价单元中第 j 参评因子的分值。

综合指数法的计算公式按式（C.2）：

$$R(j) = \sum_{i=1}^{n} F_i \times W_i \tag{C.2}$$

式中：

$R(j)$——第 j 单元的综合得分；

F_i——第 i 个参评因子的等级指数；

W_i——第 i 个参评因子的权重值；

n——参评因子的个数。

C.3 土地复垦适宜性评价步骤

1）在拟损毁土地预测和损毁程度分析的基础上，确定评价对象和范围；

2）综合考虑复垦区的土地利用总体规划、公众参与意见以及其他社会经济政策因素分析，初步确定复垦方向，划定评价单元；

3）针对不同的评价单元，建立适宜性评价方法体系和评价指标体系；

4）评定各评价单元的土地适宜性等级，明确其限制因素；

5）通过方案比选，确定各评价单元的最终土地复垦方向，划定土地复垦单元。

C.3.1 评价范围和初步复垦方向的确定

评价范围为复垦责任范围。

定性分析复垦区的土地利用总体规划、公众参与意见以及其他社会经济政策因素，初步确定复垦区待复垦土地的复垦方向。

C.3.2 评价单元的划分

划分的评价单元应体现单元内部性质相对均一或相近；单元之间具有差异，能客观地反映出土地在一定时期和空间上的差异。

评价单元宜依据复垦区土地的损毁类型、程度、限制因素和土壤类型等来划分。

C.3.3 评价体系和评价方法的选择

选择评价体系的类型和序列，并说明理由。

选择评价方法，并说明理由，若采用定性分析的方法则直接转到“评定适宜性等级”步骤。

C.3.4 评价指标体系和标准的建立

根据初步确定的复垦方向，结合复垦区特点，选取损毁后影响土地利用的主导因素，构建评价指标体系，同时简单说明各指标选取的理由。

可参考 NY/T 1634—2008 和 TD/T 1007—2003 等，合理确定不同指标的分级或评分标准，构建完整的指标分级标准。

指标体系和相应的标准建立应充分考虑复垦标准及后期的复垦验收。

C.3.5 适宜性等级的评定

调查或分析复垦区各评价单元不同指标实际情况，根据采用的评价方法，结合评价标准，评定各单元的不同利用方向的适宜性等级。

采用列表汇总的方式，说明各评价单元不同利用方向的等级及其限制性因素。

C.3.6 确定最终复垦方向和划分复垦单元

依据适宜性等级评定结果，对于多宜性的评价单元，需综合分析当地自然条件、社会条件、土地复垦类比分析和工程施工难易程度等情况，确定最终复垦方向并简单阐述方案比选的过程。

根据评价单元的最终复垦方向，从工程施工角度将采取的复垦标准和措施一致的评价单元合并作为一类复垦单元。土地复垦适宜性评价结果要汇总列表（见表 C.1），土地复垦单元划分结果也应在土地复垦规划图上标出。

表 C.1 土地复垦适宜性评价结果表

评价单元	复垦利用方向	复垦面积 hm^2	复垦单元

附 录 D
（资料性附录）
土地复垦工程项目划分

表 D.1 土地复垦工程项目划分

序号	一级项目	二级项目	三级项目
一	土壤重构工程		
1		充填工程	
			地裂缝充填
			塌陷地充填

续表

序号	一级项目	二级项目	三级项目
			其他
2		土壤剥覆工程	
			表土处置
			客土
			其他
3		平整工程	
			田面平整
			田埂（坎）修筑
			场地平整
			其他
4		坡面工程	
			梯田
			护坡（削坡）
			其他
5		生物化学工程	
			土壤培肥
			污染防治
			其他
6		清理工程	
二	植被重建工程		
1		林草恢复工程	
			种草（籽）
			植草
			种树（籽）
			植树
			其他
2		农田防护工程	
			种树（籽）
			种草（籽）
			其他
三	配套工程		
1		灌排工程	
			支渠（沟）

续表

序号	一级项目	二级项目	三级项目
			斗渠（沟）
			农渠（沟）
			毛渠（沟）
			其他
2		喷（微）灌工程	
			管道工程
			设备安装
3		机井工程	
			成孔工程
			井管安装
			填封工程
			洗井工程
			设备安装
4		水工建筑物	
			倒虹吸
			渡槽
			蓄水池
			跌水、陡坡
			水闸
			涵洞
			泵站
			其他
			设备安装
5		集雨工程	
			沉砂池
			集水池
			水窖
6		疏排水工程	
			截流沟
			排水沟
			排洪沟
			其他
			设备安装

续表

序号	一级项目	二级项目	三级项目
7		输电线路工程	
			线路架设工程
			线路移设工程
			配电设备安装
8		道路工程	
			田间道
			生产路
			其他道路
四	监测与管护工程		
1		监测工程	
2		管护工程	

附　录　E
（规范性附录）
土地复垦投资估算表

表 E.1　土地复垦投资估算总表

序号	工程或费用名称	费用 万元	费率 %
一	工程施工费		
二	设备费		
三	其他费用		
四	监测与管护费		
(一)	复垦监测费		
(二)	管护费		
五	预备费		
(一)	基本预备费		
(二)	价差预备费		
(三)	风险金		
六	静态总投资		
七	动态总投资		

表 E.2 工程施工费单价估算表

序号	工程或费用名称	单位	数量	直接费单价 万元	直接工程费单价 万元	措施费 万元	间接费 万元	利润 万元	税金 万元	综合单价 万元
一	土壤重构工程									
(一)										
(1)										
……										
二	植被重建工程									
(一)										
(1)										
……										
三	配套工程									
(一)										
(1)										
……										

表 E.3　工程措施费估算表

序号	工程或费用名称	计量单位	工程量	综合单价 元	合计 元
一	土壤重构工程				
(一)	充填工程				
(1)	地裂缝充填				
……					
(二)	土壤剥覆工程				
(1)	表土处置				
……					
(三)	平整工程				
(1)	田面平整				
……					
(四)	坡面工程				
(1)	梯田				
……					
(五)	生物化学工程				
(1)	土壤培肥				
……					
(六)	清理工程				
……					
……					
二	植被重建工程				
(一)	林草恢复工程				
(1)	植树				
……					
(二)	农田防护工程				
(1)	植树				
……					
三	配套工程				
(一)	灌排工程				
(1)	支渠（沟）				
……					
(二)	喷（微）灌工程				
(1)	管道工程				
……					

续表

序号	工程或费用名称	计量单位	工程量	综合单价 元	合计 元
(三)	机井工程				
(1)	成孔工程				
……					
(四)	水工建筑物				
(1)	涵洞				
……					
(五)	集雨工程				
(1)	沉砂池				
……					
(六)	疏排水工程				
(1)	截流沟				
……					
(七)	输电线路工程				
(1)	线路架设工程				
……					
(八)	道路工程				
(1)	田间道				
……					
总　计					

表 E.4　设备费估算表

序号	设 备 名 称	计量单位	数量	综合单价 元	合计 万元
一	闸门及启闭设备				
(一)	门叶				
……					
二	排灌设备				
……					
合　计					

表 E.5　其他费用估算表

序号	费用名称	费用 万元	费率 %	金额 万元
1	前期工作费	工程施工费		
(1)	土地与生态现状调查费	工程施工费		
……				
2	工程监理费	工程施工费		
3	竣工验收费	工程施工费		
(1)	工程验收费			
……				
4	业主管理费	工程施工费+前期工作费+工程监理费+竣工验收费		
总　计				

表 E.6　土地复垦动态投资估算表

年度	静态投资	价差预备费	动态投资	动态投资小计
……				
合计				

附　录　F
(规范性附录)
文本中表格

表 F.1　土地利用现状表

一级地类		二级地类		面积 hm^2	占总面积比例 %	
01	耕地	011	水田			
		012	水浇地			
		013	旱地			
02	园地	021	果园			
		022	茶园			
		023	其他园地			
03	林地	031	有林地			
		032	灌木林地			
		033	其他林地			
04	草地	041	天然牧草地			
		042	人工牧草地			
		043	其他草地			
…	…	…	…			
		…	…			
		…	…			
合　计						

表 F.2　土地利用权属表

权　　属		地　　类							
		01 耕地			02 园地			…	合计
		011	012	013	021	022	023	…	
		水田	水浇地	旱地	果园	茶园	其他园地	…	
××省××县	××乡（镇）××村								
	××乡（镇）××村								
	…								
	总计								
××省××县	××乡（镇）××村								
	××乡（镇）××村								
	…								
	总计								
合计									

表 F.3　复垦前后土地利用结构调整表

一级地类		二级地类		面积 hm^2		变幅 %
				复垦前	复垦后	
01	耕地	011	水田			
		012	水浇地			
		013	旱地			
02	园地	021	果园			
		022	茶园			
		023	其他园地			
03	林地	031	有林地			
		032	灌木林地			
		033	其他林地			
04	草地	041	天然牧草地			
		042	人工牧草地			
		043	其他草地			
…	…	…	…			
		…	…			
		…	…			
合　　计						

表 F.4 土地复垦工作计划安排表

阶段	地类1 复垦面积 hm^2	地类2 复垦面积 hm^2	地类3 复垦面积 hm^2	…	合计复 垦面积 hm^2	静态 投资 万元	动态 投资 万元	主要工 程措施	主要 工程量
第1阶段									
第2阶段									
第3阶段									
…									
…									

注：阶段要结合工程进度安排和生产建设活动对土地损毁的阶段性或区位性特点进行划分，原则上为5年。

表 F.5 土地复垦费用安排表

阶段	总投资 万元	年份	产量或 投资额度 万元	单位产量或投资 复垦费用预存额 万元	年度复垦费 用预存额 万元	阶段复垦费 用预存额 万元
1						
2						
3						
4						
…						
合计		—		—	—	

附　录　G
（资料性附录）
土地复垦费用监管协议（双方）

土地复垦费用监管协议

甲方：________省（区、市）________市（县）国土资源局

（甲方为负责监管的国土资源管理部门）

单位地址：

法定代表人（负责人）：

乙方（为复垦义务人）：

单位地址：

法定代表人（负责人）：

第一章　总　则

第一条　根据《中华人民共和国土地管理法》、《中华人民共和国合同法》、《土地复垦条例》和其他有关法律法规的规定，为落实土地复垦费用，保障土地复垦的顺利开展，复垦义务人与国土资源管理部门双方本着平等、自愿、诚实信用的原则，签订本协议。

第二条　根据土地复垦法律法规赋予的职责，甲方有权依法对本行政区域内生产建设活动损毁土地的复垦进行监督管理，监督乙方落实土地复垦费用，履行土地复垦义务。

第三条　乙方应当遵守土地复垦法律法规，按照“谁损毁，谁复垦”的原则，依法履行土地复垦义务。土地复垦费用的存储、使用应接受甲方的监督管理。

第四条　本协议所称土地复垦费用，是指复垦义务人为履行土地复垦义务，依据土地复垦方案完成土地复垦任务所需要的费用。土地复垦费用属于土地复垦义务人所有，专项用于土地复垦义务人损毁土地的复垦。

第五条　土地复垦费用账户按照“企业所有，政府监管，专户存储，专款专用”的原则管理。

第六条　本协议在土地复垦方案及各阶段土地复垦计划通过备案后签订。

第二章　乙方复垦任务

第七条

乙方项目位置：________________

项目名称：________________

采矿许可证号（或建设用地批复号）：________________

矿区面积（建设项目用地面积）__________平方公里，开采矿种（或者建设项目性质）________，开采方式________，开采年限（或建设周期）________年。

第八条　根据土地复垦方案，预计该项目损毁土地总面积________，拟复垦土地总面积______________（见下表），工程静态总投资________万元，动态总投资________万元。土地复垦方案服务期限为________年。

土地复垦任务表

科　　目	复垦总目标任务	本阶段目标任务	本阶段之前应完成的目标任务	本阶段之前实际完成的目标任务
耕地 hm^2				
园地 hm^2				
林地 hm^2				
草地 hm^2				
商服用地 hm^2				
工矿仓储用地 hm^2				
住宅用地 hm^2				

续表

科　　目	复垦总目标任务	本阶段目标任务	本阶段之前应完成的目标任务	本阶段之前实际完成的目标任务
公共管理与服务用地 hm^2				
交通运输用地 hm^2				
水域及水利设施用地 hm^2				
特殊用地 hm^2				
其他用地 hm^2				
复垦面积合计 hm^2				
费用使用量 万元				
费用提存量 万元				

第九条　土地复垦义务人应当于每年 12 月 31 日前向县级以上地方人民政府国土资源主管部门报告当年的土地损毁情况、土地复垦费用使用情况以及土地复垦工程实施情况。

第三章　土地复垦费用的存储

第十条　乙方应将土地复垦费用存入土地复垦费用共管账户，开户行：________，账号：________________。

第十一条　乙方应依据批复的土地复垦方案及阶段土地复垦计划中确定的费用预存计划，分________期将土地复垦费用存入土地复垦费用共管账户。

第十二条　乙方应在每个费用预算存计划开始后的 10 个工作日内将相应的土地复垦费用存入土地复垦费用共管账户。具体存储金额和时间如下：

第一期　存储金额：人民币大写____________元（小写____________元）
存储日期：______年______月______日前

第二期　存储金额：人民币大写____________元（小写____________元）
存储日期：______年______月______日前

第三期　存储金额：人民币大写____________元（小写____________元）
存储日期：______年______月______日前

第　期　存储金额：人民币大写____________元（小写____________元）
存储日期：______年______月______日前

第　期　存储金额：人民币大写____________元（小写____________元）
存储日期：______年______月______日前

第十三条 土地复垦费用所产生的利息归乙方所有，可用于抵减下一期应存储的土地复垦费用。

第十四条 如乙方不能按本协议第十二条规定的日期存储土地复垦费用，须每天按未存储土地复垦费用的万分之一向土地复垦费用共管账户缴纳滞纳金。滞纳金不能用于抵减下一期应存储的土地复垦费用。

第四章 土地复垦费用的管理和使用

第十五条 乙方按照土地复垦方案和阶段土地复垦计划的要求完成阶段土地复垦任务后向甲方提出阶段验收申请。验收合格后，乙方可向甲方申请从土地复垦费用共管账户中支取费用。

第十六条 乙方在按照土地复垦方案和阶段土地复垦计划完成全部复垦任务后向甲方提出最终验收申请。验收合格后，乙方可向甲方申请从土地复垦费用共管账户中支取结余费用的80%。

第十七条 复垦为农用地的，甲方应当会同有关部门在最终验收合格后的5年内对土地复垦效果进行跟踪评价。复垦效果达到土地复垦方案和阶段土地复垦计划要求的，乙方可向甲方申请从土地复垦费用共管账户中支取结余所有费用。

第十八条 甲方接到乙方支取费用申请后，应当在________工作日内配合乙方办理费用支取手续。

第五章 协议修订和转让

第十九条 本协议对双方及其各自的继承人及经许可的受让人具有同等约束力。

第二十条 本协议签订后，未经双方共同确认，原则上不进行修订。

第二十一条 如甲方与土地复垦相关的行政管理权发生转移，协议双方应在协商的基础上修改本协议中的相关条款。

第二十二条 乙方转让采矿权的，本协议终止。受让方应与甲方重新签订书面协议，受让方应承担乙方在本协议中规定的所有义务和责任。

第二十三条 乙方对土地复垦方案进行重大调整，需要重新编制土地复垦方案的，双方须根据新审批的土地复垦方案和阶段土地复垦计划重新签订协议。

第二十四条 乙方可在其认为合适的情况下缩减、中断或中止经营。在上述缩减、中断或中止期间，乙方应与甲方协商，在甲方认为合理的范围内免除其在本协议中应履行的义务，并经协议双方确认后，补签相关协议作为本协议的补充文本。

第六章 协议终止

第二十五条 本协议自双方签字并加盖公章之日起生效，至双方义务履行完毕后失效。

第七章 违约责任

第二十六条 乙方不履行本协议中规定的土地复垦义务，或复垦验收不合格经整改仍不合格的，甲方有权将乙方土地复垦费用共管账户中相应数额的土地复垦费用转为土地复垦费，由甲方代为组织复垦。

第二十七条 如乙方被宣告破产或进入破产、解散、清算程序，或无力偿还到期债务，土地复垦费用在按法律规定偿付相关债务后，须优先用于缴纳土地复垦费。

第二十八条 乙方按照本协议约定完成土地复垦工作，并提交验收申请，甲方收到验收申请________个工作日内无正当理由不进行验收的，或验收合格后不配合乙方办理费用支取手续的，乙方有权向甲方的上级主管部门反映情况。

第二十九条 乙方因遭遇不可抗力而延迟或停止履行本协议中规定的义务，经甲方确认的，不应构成乙方在此期间对本协议的违约。

第八章 争议解决

第三十条 本协议执行过程中如发生争议、纠纷，协议双方首先应协商解决。如在开始协商后60个工作日内未能解决争议，则任何一方可向协议签订地有管辖权的人民法院提起诉讼，按照其当时有效的仲裁规则进行仲裁。最终仲裁裁决对协议双方均具有约束力。除仲裁裁决另有规定外，仲裁费用由败诉方承担。

第三十一条 争议仲裁期间，除争议事项外，协议双方应继续行使各自在本协议中规定的其他权利，并应继续履行各自在本协议中规定的其他义务。

第九章 附 则

第三十二条 本协议一式两份，甲、乙双方各持一份，具有同等法律效力。

第三十三条 本协议未尽事宜，可由双方商定后以书面形式作为本协议附件，与本协议具有同等法律效力。

甲方（公章）	乙方（公章）
地址：	地址：
邮编：	邮编：
电话：	电话：
法定代表人（委托代理人）	法定代表人（委托代理人）
（签字）：	（签字）：
年 月 日	年 月 日

附　录　H

（资料性附录）

土地复垦费用监管协议（三方）

土地复垦费用监管协议

甲方：________________省（区、市）________________市（县）国土资源局

（甲方为负责监管的国土资源管理部门）

单位地址：

法定代表人（负责人）：

乙方（为复垦义务人）：

单位地址：

法定代表人（负责人）：

丙方（银行）：

单位地址：

法定代表人（负责人）：

第一章 总 则

第一条 根据《中华人民共和国土地管理法》、《中华人民共和国合同法》、《土地复垦条例》和其他有关法律法规的规定，为落实土地复垦费用，保障土地复垦的顺利开展，复垦义务人、国土资源管理部门和银行三方本着平等、自愿、诚实信用的原则，签订本协议。

第二条 根据土地复垦法律法规赋予的职责，甲方有权依法对本行政区域内生产建设活动损毁土地的复垦进行监督管理，监督乙方落实土地复垦费用，履行土地复垦义务。

第三条 乙方应当遵守土地复垦法律法规，按照“谁损毁，谁复垦”的原则，依法履行土地复垦义务。土地复垦费用的存储、使用应接受甲方的监督管理。

第四条 丙方应当按照本协议约定，协助甲方对乙方土地复垦费用的存储、支取进行监督管理。

第五条 本协议所称土地复垦费用，是指复垦义务人为履行土地复垦义务，依据土地复垦方案完成土地复垦任务所需要的费用。土地复垦费用属于土地复垦义务人所有，专项用于土地复垦义务人损毁土地的复垦。

第六条 土地复垦费用账户按照“企业所有，政府监管，专户存储，专款专用”的原则管理。

第七条 本协议在土地复垦方案及各阶段土地复垦计划通过备案后签订。

第二章 乙方复垦任务

第八条

乙方项目位置：______________________

项目名称：________________________

采矿许可证号（或建设用地批复号）：________________

矿区面积（建设项目用地面积）________平方公里，开采矿种（或者建设项目性质）________，开采方式________________，开采年限（或建设周期）________年。

第九条 根据土地复垦方案，预计该项目损毁土地总面积________，拟复垦土地总面积（见下表），工程静态总投资________万元，动态总投资________万元。土地复垦方案服务期限为________年。

土地复垦任务表

科　　目	复垦总目标任务	本阶段目标任务	本阶段之前应完成的目标任务	本阶段之前实际完成的目标任务
耕地 hm^2				
园地 hm^2				
林地 hm^2				
草地 hm^2				
商服用地 hm^2				
工矿仓储用地 hm^2				
住宅用地 hm^2				

续表

科　目	复垦总目标任务	本阶段目标任务	本阶段之前应完成的目标任务	本阶段之前实际完成的目标任务
公共管理与服务用地 hm^2				
交通运输用地 hm^2				
水域及水利设施用地 hm^2				
特殊用地 hm^2				
其他用地 hm^2				
复垦面积合计 hm^2				
费用使用量万元				
费用提存量万元				

第十条 土地复垦义务人应当于每年12月31日前向县级以上地方人民政府国土资源主管部门报告当年的土地损毁情况、土地复垦费用使用情况以及土地复垦工程实施情况。

第三章 土地复垦费用的存储

第十一条 乙方应将土地复垦费用存入在甲方指定银行（即丙方）开设的土地复垦费用专用账户，开户行：________________，账号：________________。

第十二条 乙方应依据批复的土地复垦方案及阶段土地复垦计划中确定的费用预存计划，分期将土地复垦费用存入土地复垦费用专用账户。

第十三条 乙方应在每个费用预存计划开始后的10个工作日内将相应的土地复垦费用存入土地复垦费用专用账户。具体存储金额和时间如下：

第一期　存储金额：人民币大写____________元（小写____________元）
　　　　　　　　存储日期：______年______月______日前
第二期　存储金额：人民币大写____________元（小写____________元）
　　　　　　　　存储日期：______年______月______日前
第三期　存储金额：人民币大写____________元（小写____________元）
　　　　　　　　存储日期：______年______月______日前
第　期　存储金额：人民币大写____________元（小写____________元）
　　　　　　　　存储日期：______年______月______日前
第　期　存储金额：人民币大写____________元（小写____________元）
　　　　　　　　存储日期：______年______月______日前

第十四条 土地复垦费用所产生的利息归乙方所有，可用于抵减下一期应存储的土地复垦费用。

第十五条 如乙方不能按本协议第十三条规定的日期存储土地复垦费用，须每天按未存储土地复垦费用的万分之一向土地复垦费用共管账户缴纳滞纳金。滞纳金不能用于抵减下一期应存储的土地复垦费用。

第四章 土地复垦费用的管理和使用

第十六条 乙方在按照土地复垦方案和阶段土地复垦计划完成全部复垦任务后向甲方提出最终验收申请。验收合格后，乙方可向甲方申请从土地复垦费用共管账户中支取结余费用的80%。

第十七条 复垦为农用地的，甲方应当会同有关部门在最终验收合格后的5年内对土地复垦效果进行跟踪评价。复垦效果达到土地复垦方案和阶段土地复垦计划要求的，乙方可向甲方申请从土地复垦费用共管账户中支取结余所有费用。

第十八条 丙方应在收到甲方出具的验收合格确认书和土地复垦费用支取通知书后的5个工作日内将土地复垦费用支付给乙方。未经甲方授权，丙方不得向乙方支付土地复垦费用，否则由丙方承担相应责任和后果。

第十九条 丙方应在向乙方支付土地复垦费用后的3个工作日内，向甲方提供土地复垦费用支取回执及土地复垦费用账户情况。

第二十条 乙方在按照土地复垦方案和阶段土地复垦计划完成全部复垦任务后向甲方提出最终验收申请。验收合格后，可凭甲方出具的验收合格确认书和土地复垦费用支取通知书办理费用支取手续。丙方应在接到通知后10个工作日内为乙方办理土地复垦费用支取手续。

第五章 协议修订和转让

第二十一条 本协议对各方及其各自的继承人及经许可的受让人具有同等约束力。

第二十二条 本协议签订后，未经各方共同确认，原则上不进行修订。

第二十三条 如甲方与土地复垦相关的行政管理权发生转移，协议各方应在协商的基础上修改本协议中的相关条款。

第二十四条 乙方转让采矿权的，本协议终止。受让方应与甲方重新签订书面协议，受让方应承担乙方在本协议中规定的所有义务和责任。

第二十五条 乙方对土地复垦方案进行重大调整，需要重新编制土地复垦方案的，各方须根据新审批的土地复垦方案和阶段土地复垦计划重新签订协议。

第二十六条 乙方可在其认为合适的情况下缩减、中断或中止经营，在上述缩减、中断或中止期间，乙方应与甲方协商，在甲方认为合理的范围内免除其在本协议中应履行的义务，并经协议各方确认后，补签相关协议作为本协议的补充文本。

第六章 协议终止

第二十七条 本协议自各方签字并加盖公章之日起生效，至双方义务履行完毕后失效。

第七章 违约责任

第二十八条 乙方不履行本协议中规定的土地复垦义务，或复垦验收不合格经整改仍不合格的，甲方有权将乙方土地复垦费用专用账户中相应数额的土地复垦费用转为土地复垦费，由甲方代为组织复垦。

第二十九条 如乙方被宣告破产或进入破产、解散、清算程序，或无力偿还到期债务，土地复垦费用在按法律规定偿付相关债务后，须优先用于缴纳土地复垦费。

第三十条 乙方按照本协议约定完成土地复垦工作，并提交验收申请，甲方收到验收申请____个工作日内无正当理由不进行验收的，乙方有权向甲方的上级主管部门反映情况。

第三十一条 乙方因遭遇不可抗力而延迟或停止履行本协议中规定的义务，经甲方确认的，不应构成乙方在此期间对本协议的违约。

第八章 争议解决

第三十二条 本协议执行过程中如发生争议、纠纷，协议三方首先应协商解决。如在开始协商后60个工作日内未能解决争议，则任何一方可向协议签订地有管辖权的人民法院提起诉讼，按照其当时有效的仲裁规则进行仲裁。最终仲裁裁决对协议各方均具有约束力，除仲裁裁决另有规定外，仲裁费用由败诉方承担。

第三十三条 争议仲裁期间，除争议事项外，协议各方应继续行使各自在本协议中规定的其他权利，并应继续履行各自在本协议中规定的其他义务。

第九章 附 则

第三十四条 本协议一式两份，甲、乙、丙三方各持一份，具有同等法律效力。

第三十五条 本协议未尽事宜，可由三方商定后以书面形式作为本协议附件，与本协议具有同等法律效力。

甲方（公章）
地址：
邮编：
电话：
法定代表人（委托代理人）
（签字）：

年 月 日

乙方（公章）
地址：
邮编：
电话：
法定代表人（委托代理人）
（签字）：

年 月 日

丙方（公章）
地址：
邮编：
电话：
法定代表人（委托代理人）
（签字）：

年 月 日

土地复垦验收合格确认书

________________（土地复垦义务人）：

经我局组织验收，________年________月至________年________月完成土地复垦面积________公顷，土地复垦工程验收合格。

________市（县）国土资源局

（盖章）

年　　月　　日

土地复垦费用支取通知书

编号：

________________银行：

________________（土地复垦义务人）于________年________月至________年________月复承土地面积________公顷，土地复垦工程已验收合格，同意其支取土地复垦费用人民币大写________________元（小写________元）。

________市（县）国土资源局

（盖章）

年　　月　　日

土地复垦费用支取回执及土地复垦费用账户情况

________市（县）国土资源局：

根据你局提供的土地复垦费用支取通知书（编号：　　　　　），已将土地复垦费用人民币大写________元（小写________元）划至________________（土地复垦义务人）。

截至目前，土地复垦费用账户情况：

本金人民币大写________________元（小写________元），

利息人民币大写________________元（小写________元），

滞纳金人民币大写______________元（小写________元）。

________________银行

（盖章）

年　　月　　日

附　录　I
（规范性附录）
本规程用词说明

为便于本规程的执行，对要求严格程度不同的用词说明如下：

——表示很严格，非这样做不可的：正面词采用“必须”，反面词采用“严禁”。

——表示严格，在正常情况下均应这样做的：正面词采用“应”，反面词采用“不应”或“不得”。

——表示允许稍有选择，在条件许可时首先应这样做的：正面词采用“宜”，反面词采用“不宜”。

——表示有选择，在一定条件下可以这样做的，采用“可”。

土地复垦方案编制规程 第 2 部分：露天煤矿 TD/T 1031.2—2011

1 范围

TD/T 1031 的本部分规定了露天开采煤矿损毁土地复垦方案编制的总则、程序、方法、内容和成果要求。

烧制砖瓦、采石场、采砂场等地表挖掘、压占造成损毁土地的复垦方案编制可参照本部分执行。

2 规范性引用文件

下列文件对于本文件的应用是必不可少的。凡是注日期的引用文件，仅注日期的版本适用于本文件。凡是不注日期的引用文件，其最新版本（包括所有的修改单）适用于本文件。

GB/T 15663.4—2008 煤矿科技术语 第 4 部分：露天开采

GB 50197—2005 煤炭工业露天矿设计规范

TD/T 1031.1 土地复垦方案编制规程 第 1 部分：通则

3 术语与定义

TD/T 1031.1 中界定的及下列术语和定义适用于本文件。

3.1

露天采场 open cast field

具有完整的生产系统，进行露天开采的场所。

3.2

地表境界线 surface boundary line

露天采场最终边帮与地表的交线。

3.3

底部境界线 bottom boundary line

露天采场最终边帮与其底面的交线。

3.4

开采深度 mining depth

凹陷露天采场内开采水平最高点至露天采场底面的垂直深度。

3.5

台阶 bench

按剥离、采矿或排土作业的要求，以一定高度划分阶梯。

3.6

平盘 platform

台阶的水平部分，也称平台。

3.7

平盘宽度　platform width

平盘上台阶坡顶线至坡底线的距离。

3.8

台阶坡面　bench slope

台阶上、下平盘之间的倾斜面，也称边坡。

3.9

台阶坡面角　angle of bench slope

台阶坡面与水平面的夹角。

3.10

台阶稳定坡面角　angle of stable bench slope

台阶稳定的坡面与水平面的夹角。

3.11

台阶高度　bench height

台阶上、下平盘之间的垂直距离。

3.12

工作线推进方向　direction of work line

开采过程中工作面侧向移动方向。

3.13

剥离物　waste dump

露天采场内的表土、岩层和不可采矿体。

3.14

排土场　dump

堆放剥离物的场所。建在露天采场以内的称内排土场。建在露天采场以外的称外排土场。

3.15

剥采比　stripping ratio

剥离量与有用矿物量之比值。

3.16

闭坑　closed pit

矿产资源开采枯竭后，经审批废弃的矿山。

4　总则

——按 TD/T 1031.1 规定执行。

——露天开采转为井工开采或露井联采时，应重新编制土地复垦方案。

——露天煤矿土地复垦应将损毁土地地貌重塑、土壤重构、植被重建、景观格局优化和生物多样性保育贯穿于“剥离—采掘—运输—排弃—造地—复垦—利用”一体化的整个生产过程中。

5 土地复垦方案编制程序

按 TD/T 1031.1 规定执行。

6 土地复垦方案编制内容

6.1 前言

按 TD/T 1031.1 规定执行。

6.2 编制总则

按 TD/T 1031.1 规定执行。

6.3 项目概况

按 TD/T 1031.1 规定执行。

应说明如下项目工程概况：

——说明项目建设规模、主要经济设计指标及工程投资，地表开采境界和底部境界。

——说明开采境界内地质资源量、露天煤矿设计可采储量、境界内可采原煤量和剥离量等。

——项目区涉及居民搬迁安置的须说明居民搬迁安置规模、范围、原则、形式。

——附露天煤矿工程主要技术特征表，参见附录 A。

6.4 土地复垦方向可行性分析

6.4.1 土地损毁分析与预测

6.4.1.1 土地损毁环节与时序

按 TD/T 1031.1 规定执行。

应说明煤层赋存情况，包括煤层走向、倾向、倾角、埋深、厚度、储量等。

说明露天矿开采工艺及设备、开拓运输方案、总平面布置、露天采场的设计参数、采区划分及开采顺序、开采进度计划、露天采场的采剥工程量、剥离物排弃工艺、排土场参数和排土场排土计划等。

附露天煤矿开采进度计划及剥离量表、排土场排弃计划表、排土场参数表、采区划分、开采顺序和采掘进度图。

6.4.1.2 已损毁土地现状

按 TD/T 1031.1 规定执行。

应分别针对露天采场土地挖损，排土场、表土堆放场土地压占等说明土地损毁状况。

复垦排土场应说明已复垦平盘和台阶坡面的规模和面积。

6.4.1.3 拟损毁土地预测

根据露天采场设计参数、地表境界线、采区划分和工作线推进方向，采用图形叠加法、调查法、类比法与趋势外推相结合的方法，分时段和采区预测土地损毁的方式、面积、程度。在土地复垦方案服务年限内闭坑的，应说明遗留矿坑的面积、位置、深度、最终平盘宽度、台阶坡面角、台阶高度。

根据露天煤矿开采进度计划及剥离量，排土场、表土堆放场设计参数和堆排工艺，分析排土场台阶坡面和平盘形成时序。

列表说明损毁前的土地利用类型、权属、土地损毁方式、面积、程度、拟损毁土地进度等。

露天矿开采进度计划及剥离量表、拟挖损土地面积预测、外排土场压占土地面积预测、排土场参数表、剥离表土堆放压占土地面积预测参见附录B；排土场台阶坡面和平盘形成时序及面积参见附录C。

6.4.1.4 复垦区与复垦责任范围确定

按 TD/T 1031.1 规定执行。

6.4.2 复垦区土地利用状况

按 TD/T 1031.1 规定执行。

6.4.3 生态环境影响分析

按 TD/T 1031.1 规定执行。

分析土地损毁对复垦区迁村移民、土地利用结构、土地利用功能、水土流失量变化，地表形态和生物多样性的影响。

6.4.4 土地复垦适宜性评价

按 TD/T 1031.1 规定执行。

针对排土场台阶坡面、排土场平盘、台阶坡面、采场平盘、表土堆放场等划分土地复垦评价单元。

选择岩土污染程度、重塑地形坡度、地表物质组成、非均匀沉降、有效覆盖土厚度、有机质含量、土壤容重等评价指标。

宜选用极限条件或类比分析等方法确定复垦土地的最佳利用方向。

有类比区的，应说明类比区的复垦时间、复垦工艺、土壤重构措施、复垦土地利用方向、复垦植被类型、植被配置模式、管护措施等。

附类比区复垦效果图片。

6.4.5 水土资源平衡分析

按 TD/T 1031.1 规定执行。

6.4.6 复垦的目标任务

按 TD/T 1031.1 规定执行。

6.5 土地复垦质量要求与复垦措施

6.5.1 复垦质量要求

按 TD/T 1031.1 规定执行。

6.5.2 预防控制措施

根据露天矿开采工艺，说明煤矿开采“剥离—采掘—运输—排弃—造地—复垦—利用”一体化过程中可采取的合理预防与控制措施，包括排土场稳定技术、煤矸石综合利用及煤矸石自燃控制措施、边采边复措施、表土堆放及管理措施、污染岩土处理措施、矿坑稳定技术措施等。

6.5.3 复垦措施

6.5.3.1 工程技术措施

按 TD/T 1031.1 规定执行。

应说明表土剥离、运输、存放和管护措施。

应说明排土场平盘构筑、台阶坡面构筑、灌排沟渠构筑等工艺措施。

纳入复垦责任范围的矿坑，应说明矿坑台阶、坡面构筑、矿坑排水防洪等工艺措施。

6.5.3.2 生物和化学措施

按 TD/T 1031.1 规定执行。

针对含基岩和坚硬岩石较多的排土场、风化岩石排土场、土石混排排土场、土壤母质覆盖排土场或表土覆盖排土场的特征应说明绿肥法、微生物法、施有机肥法的土壤改良措施和植被筛选、植被顺序、植被密度、配置模式等的植被重建措施。

6.5.4 监测措施

按 TD/T 1031.1 规定执行。

制定土地复垦监测方案，包括重点监测区、监测项目和监测方法、监测频次、监测的机构。

6.5.5 管护措施

按 TD/T 1031.1 规定执行。

针对露天矿复垦土地的特殊性，选择适宜的管护措施，如补植、除草、间伐、灌溉、施肥、病虫害防治、防火、防冻等。

6.6 土地复垦工程设计及工程量测算

6.6.1 工程设计

按 TD/T 1031.1 规定执行。

——土壤剥覆工程设计应说明工程实施范围、施工工艺、剥离（回覆）厚度、剥离方法。

——土地平整工程设计应明确工程实施区域、施工工艺及各种工程参数等。

——平盘与台阶坡面构筑工程设计应明确主要挡护、防洪等措施的类型及其结构参数等。

——灌排工程及输电线路工程设计应明确取水、引水、灌排水等各类工程的相关参数；明确配电线路、配电装置等。

——防排水工程设计应说明工程实施的可行性，明确工程的实施区域、材料、断面尺寸等。

——道路工程设计应明确道路类型、分布、材料、尺寸参数等。

——土壤改良与培肥工程设计应明确使用的原材料、用量、施用方法等。

6.6.2 工程量测算

按 TD/T 1031.1 规定执行。

应针对排土场平盘、排土场台阶坡面、矿坑平盘、矿坑台阶坡面、表土堆放场等不同复垦单元分别测算工程量。

6.7 土地复垦投资估算

按 TD/T 1031.1 规定执行。

6.8 土地复垦服务年限与复垦工作计划安排

6.8.1 土地复垦服务年限

按 TD/T 1031.1 规定执行。

服务年限应明确露天矿服务年限、拟申请采矿许可证年限或采矿许可证剩余年限、土地复垦方案服务年限及确定依据。

土地复垦方案服务年限应包括基建期、生产期、排土场基本稳沉时间、管护期。生产期应根据采矿许可证年限、采区划分和开采顺序确定；基本稳沉时间应根据内外排土场的非均匀沉降时间；管护期指复垦工程结束后的管护时间，应根据区域自然条件及植被类型确定（一般地区3～5年，生态脆弱区6～10年）。

对于改扩建和已投产项目，方案服务年限应根据采矿证剩余生产年限、排土场基本稳沉时间及管护期确定。

6.8.2 土地复垦工作计划安排

按TD/T 1031.1规定执行。

根据排土场的台阶坡面、平盘形成的时序和面积，及时安排复垦计划。

说明复垦土地的权益和收益分配的规定。

6.8.3 土地复垦费用安排

按TD/T 1031.1规定执行。

6.9 土地复垦效益分析

按TD/T 1031.1规定执行。

结合土地复垦目标和重建生态系统演变，分析生态效益、经济效益、社会效益。

露天煤矿排土场平盘宜复垦为耕地时分析实现占补平衡的可能性及时间。

6.10 保障措施

按TD/T 1031.1规定执行。

公众参与应说明居民搬迁安置规模、范围、原则、形式及满意程度。

7 土地复垦方案编制成果

按TD/T 1031.1规定执行。

附 录 A

（资料性附录）

露天矿主要工程技术特征

表 A.1 露天矿工程主要技术特征表

序号	指标名称	单位	指标	序号	指标名称	单位	指标
1	露天煤矿主要技术特征			2.3	首采区可采煤层厚度	m	
1.1	地表境界平均长度	km		2.4	首采区煤层倾角	(°)	
1.2	地表境界平均宽度	km		…	…		
1.3	地表境界面积	km^3		3	资源/储量		
1.4	最大开采深度	m		3.1	资源/储量	Mt	
1.5	最终端坡角	°		3.2	剩余可采储量	Mt	
…	…		…	…	…		
2	煤层			4	煤质		
2.1	可采煤层数	层		4.1	灰分（原煤）	%	
2.2	首采区可采煤层数	m		4.2	硫分（原煤）	%	

续表

序号	指标名称	单位	指标	序号	指标名称	单位	指标
4.3	原煤挥发分	%		…	…		…
4.4	发热量	MJ/kg		6	首采区设计生产年限	a	
4.5	平均容重	t/m^3			…		
…	…		…	7	项目总投资	万元	
5	露天煤矿设计生产能力		8	建设期			
5.1	年生产能力	Mt/a		8.1	建设工期	a	
5.2	日生产能力	kt/d		8.2	项目投产至达产时间	a	
			…	…	…		…

注：此表可根据露天煤矿资源赋存与开采情况适当调整。

附　录　B
（资料性附录）
露天煤矿土地损毁预测表

表 B.1　露天矿开采进度计划及剥离量

年度	煤产量 Mt		剥离量 Mm^3				生产剥采比 m^3/t
	原煤	毛煤	外剥离	内剥离	…	总计	
n							
$n+1$							
$n+2$							
…	…	…	…	…	…	…	…
合计							

表 B.2 拟挖损土地面积预测

时间（时段）	原土地利用类型	面积 hm²	权属单位
…	…	…	

表 B.3 排土场参数

内　容	单位	外排土场			内排土场
		外排1	外排2	…	
最终排弃标高	m				
最终松散系数					
最终稳定边坡角	(°)				
台阶坡面角	(°)				
最小工作平盘宽度	m				
排土场容量	Mm^3				
最大排土台阶数	个				

表 B.4 外排土场压占土地面积预测

时间（时段）	原土地利用类型	面积 hm²	权属单位
…	…	…	

表 B.5 剥离表土堆放压占土地面积预测

时间（时段）	原土地利用类型	面积 hm²
…	…	…

附　录　C
（资料性附录）
露天煤矿排土场平盘与台阶坡面面积预测

表 C.1　排土场平盘与台阶坡面面积预测

时间（分段）	平盘面积 hm^2	台阶坡面面积 hm^2
…	…	…

土地复垦方案编制规程 第3部分：井工煤矿 TD/T 1031.3—2011

1 范围

TD/T 1031 的本部分规定了井工开采煤矿损毁土地复垦方案编制的总则、程序、方法、内容和成果要求。

非煤井工矿山开采损毁土地复垦方案编制可参照本部分执行。

2 规范性引用文件

下列文件对于本文件的应用是必不可少的。凡是注日期的引用文件，仅注日期的版本适用于本文件。凡是不注日期的引用文件，其最新版本（包括所有的修改单）适用于本文件。

GB/T 15663.3—2008 煤矿科技术语 第3部分：地下开采

GB/T 15663.7—2008 煤矿科技术语 第7部分：开采沉陷与特殊采煤

GB 50215—2005 煤炭工业矿井设计规范

TD/T 1031.1 土地复垦方案编制规程 第1部分：通则

3 术语与定义

TD/T 1031.1 中界定的及下列术语和定义适用于本文件。

3.1

煤矿井工开采 underground mining

通过挖掘井巷开采地下煤炭的采煤方式。

3.2

矿井设计生产能力 designed mine annual output

设计中规定的矿井在单位时间（年或日）内采出的煤炭数。

3.3

矿井服务年限 mine life

按矿井可采储量、设计生产能力，并考虑储量备用系数计算出的矿井开采年限。

3.4

井田 mining field

煤田内划归一个矿井开采的部分。

3.5

采区 district

阶段或开采水平内沿走向划分为具有独立生产系统的开采块段。近水平煤层采区称盘区，倾斜长壁分带开采的采区称带区。

3.6

采空区 goaf

采煤后所废弃的空间。

3.7

采煤工作面　working face

进行采煤作业的场所。

3.8

采煤方法　coal-mining method

采煤工艺与回采巷道布置及其在时间、空间上的相互配合。

3.9

开采沉陷　mining subsidence

地下煤炭采出后，上覆岩层移动和变形的过程。

3.10

塌陷区　subsidence area

地下煤炭采出后，在地表形成的移动和变形区。

3.11

地表移动参数　parameters of surface movement

反映地表移动与变形特征、程度的参数和角值。

3.12

地表移动和变形　ground surface movement and deformation

一般指在采煤影响下地表产生的下沉、倾斜、曲率、水平移动和水平变形。

3.13

地表移动持续时间　duration of ground surface movement

包括初始期、活跃期和衰退期三部分。地表下沉速度大于50mm/月（1.7mm/d）（煤层倾角小于45°）或大于30mm/月（煤层倾角大于45°）的时间为活跃期；从地表移动期开始到活跃期开始的阶段为初始期；从活跃期结束到移动期结束的阶段为衰退期。

3.14

基本稳沉时间　basic time of stable subsidence

一般是指地表移动持续时间的初始期和活跃期。

3.15

煤柱　coal pillar

煤矿开采中为某一目的而在其下方按照一定规则和方法设计保留不采或暂时不采的煤层和岩层块段。

4　总则

——按 TD/T 1031.1 规定执行。

——井工煤矿开采沉陷引起的土地损毁具有缓慢、连续、量大、重复、易垦等特点，塌陷区复垦应合理规划、统筹安排、因地制宜、及时复垦。

5　土地复垦方案编制程序

按 TD/T 1031.1 规定执行。

6 土地复垦方案编制内容

6.1 前言

按 TD/T 1031.1 规定执行。

6.2 编制总则

按 TD/T 1031.1 规定执行。

6.3 项目概况

按 TD/T 1031.1 规定执行。

6.4 土地复垦方向可行性分析

6.4.1 土地损毁分析与预测

6.4.1.1 土地损毁环节与时序

按 TD/T 1031.1 规定执行。

应说明煤层赋存情况，包括煤层走向、倾向、倾角、埋深、厚度、储量等。附各可采煤层底板等高线及储量估算图。

应明确矿井开拓方式、水平划分、采区划分、采煤方法、顶板管理方法、工作面布置、开采时序等。

6.4.1.2 已损毁土地现状

按 TD/T 1031.1 规定执行。

明确项目区内已损毁土地的损毁类型、范围、面积及损毁程度等。分析已损毁土地被重复损毁的可能性。说明已损毁土地已复垦情况，包括复垦面积、范围、复垦方向及复垦效果等。

6.4.1.3 拟损毁土地预测

应根据煤层赋存、采煤方法、顶板管理方法、工艺流程、地形地貌、区域自然特征等，采用概率积分等方法预测不同时段损毁土地的地类、面积、程度等。说明参数选取依据及预测过程，包括预测时段划分、采区划分、各种煤柱留设及其他相关问题处理情况等。

应分时段（一般分为3～5个时段）进行土地损毁预测，给出分时段预测的地表最大下沉值、水平拉伸变形值、倾斜变形值和基本稳沉时间，并分时段绘制地表下沉、水平变形、倾斜变形等值线图。土地损毁预测方法可参见附录B。

应结合对土地利用的影响进行土地损毁程度分级，可依据国家和地方相关部门的规定进行分级，也可参见附录B确定损毁程度。

应进行土地损毁程度分析，主要包括损毁方式、损毁程度、影响因素、现状地类、对生产力的影响、不同损毁类型和程度的面积等。

6.4.1.4 复垦区与复垦责任范围确定

按 TD/T 1031.1 规定执行。

6.4.2 复垦区土地利用状况

按 TD/T 1031.1 规定执行。

6.4.3 生态环境影响分析

按 TD/T 1031.1 规定执行。

6.4.4 土地复垦适宜性评价

按 TD/T 1031.1 规定执行。

采用类比分析法应说明类比区的复垦土地利用方向、复垦时间、复垦工艺、污染防治措施、土壤重构、复垦植被类型、配置模式、监测和管护措施等。

6.4.5 水土资源平衡分析

按 TD/T 1031.1 规定执行。

6.4.6 复垦的目标任务

按 TD/T 1031.1 规定执行。

6.5 土地复垦质量要求与复垦措施

6.5.1 复垦质量要求

按 TD/T 1031.1 规定执行。

6.5.2 预防控制措施

按 TD/T 1031.1 规定执行。

应分别说明设计阶段、建设阶段、运行阶段以及关闭阶段（含后续抚育期）采取的预防与控制措施，技改项目说明矿井以往预防控制措施。

6.5.3 复垦措施

6.5.3.1 工程技术措施

按 TD/T 1031.1 规定执行。

应按照所在地区自然环境条件和复垦土地利用方向，对损毁的土地合理选择剥离、回填、开挖、平整等复垦工程手段。采取的工程措施主要包括充填、土壤剥覆、疏排水、平整、水面整治、道路、灌排工程与配电措施等。

多煤层重复采动矿井开采间隔较长区域应按照复垦标准考虑今后开采影响采取相应的工程措施。

6.5.3.2 生物和化学措施

按 TD/T 1031.1 规定执行。

矸石山复垦应采取针对性的化学或生物措施，营造植物适生的立地条件，并说明煤矸石淋溶水试验结果。

6.5.4 监测措施

按 TD/T 1031.1 规定执行。

包括复垦土地质量、植被长势、污染防治效果、地表变形程度（设置地表观测站）等。

6.5.5 管护措施

按 TD/T 1031.1 规定执行。

应包括植被抚育和场地管理。

6.6 土地复垦工程设计及工程量测算

6.6.1 工程设计

按 TD/T 1031.1 规定执行。

——土壤剥覆工程设计应说明工程实施范围、施工工艺、剥离（回覆）厚度、剥离方法。

——疏排水工程设计应说明工程实施的可行性，疏排水区域、方法。必要时还应包括防洪系统、防涝系统、防渍系统等配套系统的相关设计。

——挖深垫浅复垦工程应说明充填复垦区域及各种工程参数等；应说明挖深垫浅的可行性，挖填区域及各种工程参数等。

——梯田工程设计应说明梯田工程的实施区域、施工工艺及工程参数等。

——土地平整工程设计主要包括削坡平整和一般性土地平整等。应明确工程实施区域、施工工艺及各种工程参数等。

——裂缝充填工程设计应明确工程实施范围、施工工艺、裂缝两侧表层处置方法、充填材料及各种参数等。

——养殖水面工程设计包括精养和粗放养殖，应与抬田工程结合。应明确养殖的方式、坑塘参数、施工的方法及参数等。

——休闲景观工程设计应明确休闲景观工程的位置及区域，采用的治理方法及工艺等。

——灌排工程及配电工程设计应明确取水、引水、灌排水等各类工程的相关参数；明确配电线路、配电装置等。

——防排水工程设计应说明工程实施的可行性，明确工程的实施区域、材料、断面尺寸等。

——道路工程设计应明确道路类型、分布、材料、尺寸参数等。

——建设场地复垦工程设计应明确建设场地的位置及范围，采用的工程方法及工艺等。

以上未包括的工程应根据实际情况进行设计。

6.6.2 工程量测算

按 TD/T 1031.1 规定执行。

根据塌陷地、矸石山、表土堆放场等不同复垦单元分阶段测算复垦工程量并列表汇总。

6.7 土地复垦投资估算

按 TD/T 1031.1 规定执行。

6.8 土地复垦服务年限与复垦工作计划安排

6.8.1 土地复垦服务年限

按 TD/T 1031.1 规定执行。

服务年限应明确矿井服务年限、拟申请采矿许可证年限或采矿许可证剩余年限、土地复垦方案服务年限及确定依据。

井工煤矿土地复垦方案服务年限应包括基建期、生产期、基本稳沉时间、管护期。生产期应根据采矿许可证年限，结合采区（盘区）、工作面的完整性确定；基本稳沉时间由地表移动的初始期和活跃期组成；管护期指复垦工程结束后的管护时间，应根据区域自然条件及植被类型确定（一般地区3～5年，生态脆弱区6～10年）。

对于改扩建和已投产项目，方案服务年限应根据采矿证剩余生产年限、基本稳沉时间及管护期确定。

在土地复垦方案生产期内，若生产规划、生产工艺流程发生变化，应对土地复垦方案进行及时修订。超过土地复垦方案生产期年限的井工煤矿应重新编制土地复垦方案。若矿业权发生变更，应保证复垦义务、责任和资金的相应变更与连续。若矿业权发生整合，最终的矿业权应包括所有被整合的矿业权复垦义务、责任和资金。

6.8.2 土地复垦工作计划安排

按 TD/T 1031.1 规定执行。

结合土地损毁预测时段合理划分复垦工作阶段，明确每一阶段的复垦面积、复垦方向、工程量等，细化近期工作安排。

6.8.3 土地复垦费用安排

按 TD/T 1031.1 规定执行。

6.9 土地复垦效益分析

按 TD/T 1031.1 规定执行。

6.10 保障措施

按 TD/T 1031.1 规定执行。

7 土地复垦方案编制成果

按 TD/T 1031.1 规定执行。

附 录 A
(资料性附录)
井工煤矿开采土地损毁预测方法

A.1 预测方法

井工开采煤矿损毁土地预测可采用经验法、理论模拟法、影响函数法、概率积分法等方法。根据煤层开采接续表预测出土地损毁方式、范围、地类、面积、程度等。

a) 土地损毁预测方法

1) 经验法：基于实测资料的经验方法，是通过大量的开采沉陷实测资料的数据处理，确定预计各种移动变形值的函数形式（解析公式、曲线或表格）和计算预计参数的经验公式。在预计时，先根据开采的地质采矿条件，运用这些经验公式求取预计参数，再代入用上法确定的预计函数求定移动和变形值。

2) 理论模拟法：理论模拟法把岩体抽象为某个数学的、力学的或某个数学-力学的理论模型，按照这个模拟计算受开采影响岩体产生的移动、变形和应力的分布情况。如认为岩层和地表是一种连续的介质，则此模型属连续介质模型；否则就属于非连续介质模型。该法所用的函数一般均由理论研究得出，所用的参数常用实验室试验或理论推倒求出，一般与现场资料没有直接的联系。

3) 影响函数法：影响函数法是介于上述经验方法和理论模拟法之间的一种方法。其实质是根据理论研究或其他方法确定微小单元开采对岩层或地表的影响（以影响函数表示），把整个开采对岩层和地表的影响看成采区内所有微小单元开采影响的总和，并据此计算整个开采引起的岩层和地表的移动和变形。目前，此法所用的参数常根据实测资料求定。

4) 概率积分法：从预计手段看，现在应用较广的理论模型为随机介质理论，即概率积分法。作为随机介质的颗粒体介质，其移动规律可抽象为介质是由类似于砂粒或相对来说很小的岩块这样的介质颗粒组成的，颗粒完全失去了联系，可以相对运动。颗粒介质的运动用颗粒的随机移动来表征，并把大量的颗粒介质的移动看做是随机过程。

任意点变形计算：

利用概率积分法计算有限开采时地表任意点下沉、倾斜、曲率、水平移动、水平变形的公式：

$$W^o(x)=\frac{W_o}{2}\left\{\left[1+\mathrm{erf}\left(\sqrt{\pi}\frac{x}{r}\right)\right]-\left[1+\mathrm{erf}\left(\sqrt{\pi}\frac{x-l}{r}\right)\right]\right\} \tag{1}$$

$$i^o(x)=\frac{\mathrm{d}W^o(x)}{\mathrm{d}x}=\frac{W_o}{r}\left[\mathrm{e}^{-\pi\frac{x^2}{r^2}}-\mathrm{e}^{-\pi\frac{(x-l)^2}{r^2}}\right] \tag{2}$$

$$K^o(x)=\frac{\mathrm{d}^2W^o(x)}{\mathrm{d}x^2}=\frac{2\pi W_o}{r^2}\left[\frac{x}{r}\mathrm{e}^{-\pi\frac{x^2}{r^2}}-\frac{x-l}{r}-\mathrm{e}^{-\pi\frac{(x-l)^2}{r^2}}\right] \tag{3}$$

$$U^o(x)=bW_o\left[\mathrm{e}^{-\pi\frac{x^2}{r^2}}-\mathrm{e}^{-\pi\frac{(x-l)^2}{r^2}}\right] \tag{4}$$

$$\varepsilon^o(x)=\frac{\mathrm{d}U^o(x)}{\mathrm{d}x}=\frac{2\pi bW_o}{r}\left[\frac{x}{r}\mathrm{e}^{-\pi\frac{x^2}{r^2}}-\frac{x-l}{r}\mathrm{e}^{-\pi\frac{(x-l)^2}{r^2}}\right] \tag{5}$$

从概率积分的模型可以看出有限开采的地表移动变形为两个半无限开采的地表移动变形通过几何叠加而得出的。

地表移动变形最大值计算：

$$W_{max}=m\cdot q\cdot\cos\alpha \tag{6}$$

$$i_{max}=\frac{W_{max}}{r} \tag{7}$$

$$K_{max}=1.52\frac{W_{max}}{r^2} \tag{8}$$

$$U_{max}=b\cdot W_{max} \tag{9}$$

$$\varepsilon_{max}=1.52b\frac{W_{max}}{r} \tag{10}$$

式中：

W_{max}——地表最大下沉值，单位为毫米（mm）；

i_{max}——地表最大倾斜值，单位为毫米每米（mm/m）；

K_{max}——地表最大曲率值，单位为千分之一每米（10^{-3}/m）；

ε_{max}——地表最大水平变形值，单位为毫米每米（mm/m）；

U_{max}——地表最大水平移动值，单位为毫米（mm）；

m——煤层法线采厚，单位为米（m）；

q——下沉系数；

α——煤层倾角，单位为度（°）；

b——水平移动系数；

r——主要影响半径，单位为米（m）。

b）地表移动持续时间计算

地表移动持续时间可通过公式计算，在无实测资料的情况下，地表移动的延续时间 T 可根据以下公式计算：

$$T=2.5\times H \tag{11}$$

式中：

T——形成稳定沉陷地面移动的延续时间，单位为天（d）；

H——工作面平均开采深度，单位为米（m）。

地表移动基本稳沉时间一般为地表移动的初始期和活跃期，一般为地表移动持续时间的60%～70%。

A.2 预测参数选取

必须说明参数选取的来源与依据，可以采用类比的方法确定，也可以根据相关规程分析计算确定。

概率积分法参数应包括下沉系数（q_0 及 q_1）、主要影响角正切（tgβ）、水平移动系数（b）、拐点偏移系数（s）、开采影响传播角（θ）等，参数选取应考虑重复采动的影响。

A.3 预测结果

表 A.1 地表移动与变形最大值预测结果

时段	下沉 W mm	倾斜 i mm/m	曲率 K 10^{-3}/m	水平移动 U mm	水平变形 ε mm/m
一					
二					
三					
四					
……					

表 A.2 项目区内各类土地损毁情况表

一级地类		二级地类		面积 hm²		
				轻度	中度	重度
1	耕地	11	水田			
		12	水浇地			
		13	旱地			
2	园地	21	果园			
		22	茶园			
		23	其他园地			
3	林地	31	有林地			
		32	灌木林地			
		33	其他林地			
4	草地	41	天然牧草地			
		42	人工牧草地			
		43	其他草地			
…	…	…	…			
		…	…			
		…	…			
合计						

附 录 B
（资料性附录）
采煤沉陷土地损毁程度分级参考标准

表 B.1 水田损毁程度分级标准

损毁等级	水平变形 mm/m	附加倾斜 mm/m	下沉 m	沉陷后潜水位埋深 m	生产力降低 %
轻度	≤3.0	≤4.0	≤1.0	≥1.0	≤20.0
中度	3.0～6.0	4.0～10.0	1.0～2.0	0～1.0	20.0～60.0
重度	>6.0	>10.0	>2.0	<0	>60.0

表 B.2 水浇地损毁程度分级标准

损毁等级	水平变形 mm/m	附加倾斜 mm/m	下沉 m	沉陷后潜水位埋深 m	生产力降低 %
轻度	≤4.0	≤6.0	≤1.5	≥1.5	≤20.0
中度	4.0～8.0	6.0～12.0	1.5～3.0	0.5～1.0	20.0～60.0
重度	>8.0	>12.0	>3.0	<0.5	>60.0

表 B.3 旱地损毁程度分级标准

损毁等级	水平变形 mm/m	附加倾斜 mm/m	下沉 m	沉陷后潜水位埋深 m	生产力降低 %
轻度	≤8.0	≤20.0	≤2.0	≥1.5	≤20.0
中度	8.0～16.0	20.0～40.0	2.0～5.0	0.5～1.5	20.0～60.0
重度	>16.0	>40.0	>5.0	<0.5	>60.0

表 B.4 林地、草地损毁程度分级标准

损毁等级	水平变形 mm/m	附加倾斜 mm/m	下沉 m	沉陷后潜水位埋深 m	生产力降低 %
轻度	≤8.0	≤20.0	≤2.0	≥1.0	≤20.0
中度	8.0～20.0	20.0～50.0	2.0～6.0	0.3～1.0	20.0～60.0
重度	>20.0	>50.0	>6.0	<0.3	>60.0

注：表 B.1～表 B.4 中附加倾斜指受采煤沉陷影响而增加的倾斜（坡度）；任何一项指标达到相应标准即认为土地损毁达到该损毁等级。

非烧结垃圾尾矿砖 JC/T 422—2007

1 范围

本标准规定了非烧结垃圾尾矿砖的分类、技术要求、试验方法、检验规则、标志、包装、运输、贮存、装卸及其他要求等。

本标准适用于以淤泥、建筑垃圾、焚烧垃圾等为主要原料，掺入少量水泥、石膏、石灰、外加剂、胶结剂等胶凝材料，经粉碎、搅拌、压制成型、蒸压、蒸养或自然养护而成的一种实心非烧结垃圾尾矿砖。

非烧结垃圾尾矿砖可作为一般房屋建筑墙体的材料。

2 规范性引用文件

下列文件中的条款通过本标准的引用而成为本标准的条款。凡是注日期的引用文件，其随后所有的修改单（不包括勘误的内容）或修订版均不适用于本标准，然而，鼓励根据本标准达成协议的各方研究是否可使用这些文件的最新版本。凡是不注日期的引用文件，其最新版本适用于本标准。

GB 175　硅酸盐水泥、普通硅酸盐水泥

GB 1344　矿渣硅酸盐水泥、火山灰质硅酸盐水泥及粉煤灰硅酸盐水泥

GB 6566　建筑材料放射性核素限量

GB 12958　复合硅酸盐水泥

GB/T 2542　砌墙砖试验方法

GB/T 4111　普通混凝土小型空心砌块试验方法

GB/T 5483　石膏和硬石膏

GB/T 18968　墙体材料名词术语

JC/T 466　砌墙砖检验规则

JC/T 621　硅酸盐建筑制品用生石灰

3 分类

本产品按抗压强度分为 MU25、MU20、MU15 三个等级。

3.1 产品规格

本产品的外形为矩形体，砖的公称尺寸为：长 240mm，宽 115mm，厚 53mm。其他规格尺寸由供需双方协商确定。

3.2 产品标记

按产品名称（UFB）、强度等级以及标准编号顺序进行标记。

示例：强度等级为 MU20 的非烧结垃圾尾矿砖标记为

UFB MU20 JC/T 422—2007。

4 技术要求

4.1 尺寸偏差

尺寸偏差应符合表1规定。

表1 尺寸偏差 单位为毫米

项目名称	合格品
长度	±2.0
宽度	±2.0
高度	±2.0

4.2 外观质量

外观质量应符合表2规定。

表2 外观质量 单位为毫米

项目名称		合格品
弯曲		不大于2.0
缺棱掉角	个数（个）	≤1
	三个方向投影尺寸的最小值	≤10
完整面		不少于一条面和一顶面
裂缝长度 a. 大面上宽度方向及其延伸到条面的长度 b. 大面上长度方向及其延伸到顶面上的长度或条、顶面水平裂纹的长度		 不大于30 不大于50
层裂		不允许
颜色		基本一致

4.3 强度

强度等级应符合表3的规定。

表3 强度等级 单位为兆帕

强度等级	抗压强度平均值 $\bar{f}\geqslant$	变异系数 $\delta\leqslant0.21$	变异系数 $\delta\geqslant0.21$
		强度标准值 $f_k\geqslant$	单块最小抗压强度 $f_{min}\geqslant$
MU25	25.0	19.0	20.0
MU20	20.0	14.0	16.0
MU15	15.0	10.0	12.0

4.4 抗冻性

抗冻性应符合表4的规定。

表 4　抗冻性

强度等级	冻后抗压强度平均值不小于（MPa）	单块砖的干质量损失不大于（%）
MU25	22.0	2.0
MU20	16.0	2.0
MU15	12.0	2.0

4.5　干燥收缩率

干燥收缩率平均值不应大于 0.06%。

4.6　吸水率

吸水率单块值不大于 18%。

4.7　碳化性能和软化性能

4.7.1　碳化性能应符合表 5 的规定。

表 5　碳化性能　　单位为兆帕

强度等级	碳化后强度平均值不小于
MU25	22.0
MU20	16.0
MU15	12.0

4.7.2　软化性能平均值 $K_f \geqslant 0.80$。

4.8　放射性

放射性应符合 GB 6566 的要求。

5　试验方法

5.1　尺寸偏差

按 GB/T 2542 的规定进行。其中每一尺寸测量不足 0.5mm 按 0.5mm 计，每一方向尺寸以两个测量值的算术平均值表示。

5.2　外观质量

按照 GB/T 2542 的规定进行。颜色的检验：20 块试样条面朝上随机分两排并列，在自然光下距离试样 2 米处目测。

5.3　强度等级

按 GB/T 254 的规定进行。

5.4　抗冻性、干燥收缩率、吸水率、碳化性能和软化性能

按 GB/T 4111—1997 的规定进行。

5.5　放射性

按 GB 6566 的规定进行。

6　检验规则

6.1　检验分类

产品检验分出厂检验和型式检验。

6.1.1 出厂检验

产品必须进行出厂检验。出厂检验项目包括尺寸偏差、外观质量和强度等级，每批产品经出厂检验合格后方可出厂。

6.1.2 型式检验

型式检验项目包括本标准技术要求的全部项目。有下列之一情况者，应进行型式检验。

a. 新厂生产试制定型检验；

b. 正式生产后，原材料、工艺等发生较大的改变，可能影响产品性能时；

c. 正常生产时，每半年进行一次（放射性检验一年进行一次）；

d. 产品停产三个月以上恢复生产时；

e. 出厂检验结果与上次型式检验结果有较大差异时；

f. 国家质量监督机构提出进行型式检验时。

6.2 组批规则

检验批的构成原则和批量大小按 JC/T 466 规定，用同一种原材料、同一工艺生产、相同质量等级的 10 万块为一批，不足 10 万块亦按一批计。

6.3 抽样

6.3.1 尺寸偏差和外观质量检验的试样采用随机抽样法，在检验批的产品堆垛中抽取 50 块进行检验。

6.3.2 其他检验项目的样品用随机抽样法从外观质量检验合格的样品中抽取如下数量的砖进行其他项目检验，如样品数量不足时，再在该批砖中补抽砖样（外观质量和尺寸偏差检验合格）进行项目检验。

6.3.3 抽样数量按表 6 进行。

表 6 抽样数量 单位为块

序号	检验项目	抽样数量（块）
1	外观质量	50（$n_1=n_2=50$）（从中随机抽 20 块检测）
2	尺寸偏差	20
3	强度等级	10
4	抗冻性	5
5	干燥收缩	5
6	吸水率	5
7	碳化性能	5
8	软化性能	4
9	放射性	5

6.4 判定规则

6.4.1 尺寸偏差

样本平均偏差符合表 1 规定，判尺寸偏差为合格。否则，判不合格。

6.4.2 外观质量

外观质量采用JC/T 466二次抽样方案，根据表2规定的质量指标，检查出其中不合格品数 d_1，按下列规则判定：

$d_1 \leqslant 7$ 时，尺寸偏差和外观质量合格；

$d_1 \geqslant 11$ 时，尺寸偏差和外观质量不合格；

$d_1 > 7$，且 $d_1 < 11$ 时，需再次从该产品批中抽样50块检验，检查出不合格品数 d_2，按下列规则判定：

$(d_1 + d_2) \leqslant 18$ 时，尺寸偏差和外观质量合格；

$(d_1 + d_2) \geqslant 19$ 时，尺寸偏差和外观质量不合格。

6.4.3 颜色抽检样品应基本一致判为合格。

6.4.4 强度的试验结果符合表3的规定，判强度合格，且定相应等级。否则，判不合格。

6.4.5 抗冻性应符合表4的规定。

6.4.6 干燥收缩率应符合4.5的规定。

6.4.7 吸水率应符合4.6的规定。

6.4.8 碳化性能和软化性能应符合4.7和表5的规定。

6.4.9 放射性应符合GB/T 6566规定的要求。

6.4.10 总判定

6.4.10.1 每一批出厂产品的质量等级按出厂检验项目的检验结果和上次型式检验结果综合判定。

6.4.10.2 每一型式检验的质量等级按全部检验项目的检验结果综合判定。

6.4.10.3 尺寸偏差、外观质量、抗冻性、干燥收缩率、吸水率、碳化和软化性能、放射性和颜色合格，按强度等级判定，其中有一项不合格判该批产品不合格。

7 标志、包装、运输、贮存、装卸及其他要求

7.1 标志

砖出厂时，应适当包装，并应提供产品质量合格证书，内容包括：

a. 厂名和商标；

b. 批量编号和砖数量（块）；

c. 产品标记和检验结果；

d. 产品质量合格证书编号；

e. 生产日期；

f. 检验部门和检验人员签章。

7.2 包装

按产品品种、强度等级、颜色分别包装，包装应牢固，保证运输时不会摇晃碰坏。

7.3 贮存

产品应按品种、强度等级、质量等级分别整齐堆放，不得混杂。

7.4 装卸

装卸时，严禁碰撞、扔摔，应轻码轻放，禁止翻斗倾卸。

7.5 其他要求

砖龄期不足28天不得出厂。

三、地方标准

粉煤灰与煤矸石混合生态填充技术规范 DB14/T 1217—2016

1 范围

2 规范性引用文件

3 术语和定义

3.1 粉煤灰
3.2 煤矸石
3.3 露天矿坑
3.4 沟壑
3.5 生态填充
3.6 生态恢复
3.7 一般工业固体废物

4 填充设计

4.1 一般规定
4.2 填充材料
4.3 填充场地范围
4.4 填充场地整治方案
4.5 填充方案
4.6 安全措施方案
4.7 生态恢复要求

5 填充作业

5.1 填充材料装车、运输要求
5.2 填充作业过程要求

6 填充工程管理

7 验收及评价

7.1 验收
7.2 评价

附　录　A
（规范性附录）
粉煤灰与煤矸石混合填充作业示意图

附　录　B
（规范性附录）
平整度检验方法

B.1　目的与适用范围

B.2　材料技术要求

B.3　方法与步骤

附　录　C
（规范性附录）
起尘检验方法

C.1　原理

C.2　采样布点

C.3　仪器与设备

C.4　采样步骤

C.5　样品处理及分析

附　录　D
（规范性附录）
落锤法测定表面承载力的试验方法

D.1　原理

D.2　材料及技术要求

D.3　方法与步骤

煤矸石填埋造田技术规程 DB14/T 1114—2015

1 范围

2 规范性引用文件

3 术语和定义

3.1 隔层填埋

3.2 环境敏感点

3.3 填埋造田

4 选址原则

4.1 自然因素

4.2 人文因素

4.3 与环境敏感点距离

5 填埋技术

5.1 填埋设施

5.2 防护措施

5.3 防渗措施

5.4 挡土墙

5.5 地表水集排

5.6 隔层填埋

5.7 边坡处理

5.8 封场覆土

6 造田技术

6.1 土地规划

6.2 地表清理

6.3 土地平整

6.4 农田防护

6.5 土壤培肥

7 评价

附　录　A
(规范性附录)
煤矸石填埋区横截面示意图

寒区公路工程煤矸石应用技术指南 DB22/T 2062—2014

1 范围

2 规范性引用文件

3 术语和定义

3.1 煤矸石 coal gangue
3.2 煤矸石路堤 coal gangue embankment
3.3 填石路堤 rock-fill embankment
3.4 土石路堤 earth-rock embankment
3.5 煤矸石基层 coal gangue base
3.6 水泥稳定煤矸石基层 cement stabilized coal gangue base
3.7 石灰粉煤灰稳定煤矸石基层 lime and fly ash stabilized coal gangue base
3.8 煤矸石塑性指数 coal gangue plastic index
3.9 CBR（加州承载比） California bearing ratio
3.10 煤矸石压碎值 coal gangue crushed value
3.11 煤矸石活性 coal gangue activity
3.12 导热系数 thermal conductivity
3.13 煤矸石热值 coal gangue calorific value
3.14 烧失量 loss on ignition

4 煤矸石材料路用分级

5 煤矸石路基设计与施工

5.1 一般规定
5.2 煤矸石路基设计
5.3 煤矸石路基施工
5.4 煤矸石路基施工质量控制

6 煤矸石基层设计与施工

6.1 一般规定
6.2 煤矸石基层设计
6.3 煤矸石基层施工
6.4 煤矸石基层施工质量控制

附 录 A
（规范性附录）
煤矸石材料活性试验方法

A.1 目的和适用范围
A.2 仪器设备
A.3 材料
A.4 温度与相对湿度
A.5 试件成型
A.6 养护
A.7 强度试验
A.8 试验结果

附 录 B
（规范性附录）
煤矸石材料热值试验方法

B.1 目的和适用范围
B.2 仪器设备
B.3 材料
B.4 试验步骤
B.5 试验结果

附 录 C
（规范性附录）
煤矸石材料导热系数试验方法

C.1 目的和适用范围
C.2 仪器设备
C.3 试件成型
C.4 导热系数的测定
C.5 试验结果

煤矸石场植被建设技术规程 DB14/T 707—2012

1 范围

2 规范性引用文件

3 术语和定义

煤矸石场

4 作业设计

5 整地

5.1 整地方法

5.2 整地时间

6 植物选择

6.1 植物选择

6.2 配置方式

7 种植

7.1 种植方式

7.2 种植时间

8 补植

9 管理

9.1 抚育

9.2 管护

10 验收

11 建立档案

煤及煤矸石、矸石的热值划分方法 DB52/T 779—2012

1 范围

2 规范性引用文件

3 煤及煤矸石、矸石的热值划分

4 煤炭发热量的检验

4.1 煤样的采取和制备

4.2 煤炭发热量的试验方法

附 录 A
(资料性附录)
发热量表达形式和换算公式

A.1 发热量的表达形式

A.2 换算公式

附 录 B
(规范性附录)
煤矸石、矸石掺苯甲酸测定发热量方法

铁尾矿砂路基施工技术规程 DB13/T 2469—2017

1 范围

2 规范性文件

3 术语和定义

3.1 铁尾矿

3.2 铁尾矿砂

3.3 铁尾矿砂路基

4 一般规定

4.1 铁尾矿砂

4.2 黏土

4.3 排水盲沟

4.4 临时防护

4.5 土地资源节约与保护

5 施工准备

5.1 现场调查与施工组织

5.2 测量

5.3 试验

5.4 场地清理

5.5 试验路段

6 铁尾矿砂路基碾压法施工

6.1 适用条件

6.2 填料准备与运输

6.3 摊铺整平

6.4 振动压路机碾压

6.5 静压收光

6.6 埋设排水盲沟

6.7 施工质量检测

6.8 顶部封层黏土施工

7　铁尾矿砂路基水坠碾压法施工

7.1　适用条件
7.2　包边黏土上料摊铺整平
7.3　包边黏土碾压施工
7.4　埋设排水盲沟
7.5　铁尾矿砂上料摊铺整平
7.6　设置围堰分区灌水
7.7　碾压作业
7.8　施工质量检测
7.9　顶部封层黏土施工

8　铁尾矿砂路基施工注意事项

8.1　冬季施工措施
8.2　雨季施工要求

9　铁尾矿砂路基质量标准和检查验收

9.1　基本要求
9.2　铁尾矿砂路基基本体检查验收

铁尾矿用于公路基层施工技术规范 DB13/T 2512—2017

1 范围

2 规范性引用文件

3 术语和定义

3.1 铁尾矿砂

3.2 铁尾矿碎石

3.3 水泥稳定尾矿

3.4 石灰粉煤灰稳定尾矿

4 材料

4.1 水泥

4.2 石灰

4.3 粉煤灰

4.4 尾矿砂

4.5 尾矿碎石

4.6 掺配集料

4.7 水

5 配合比设计

5.1 一般规定

5.2 组成设计

5.3 混合料的设计步骤

6 施工要求

6.1 一般规定

6.2 厂拌法施工

6.3 路拌法施工

6.4 养生与交通管制

7 试验方法

7.1 尾矿

7.2 水泥

7.3 石灰、粉煤灰

7.4 混合料

8 检验规则

8.1 施工过程中的质量控制

8.2 质量评定

后　记

煤矸石及矿山尾矿，是指矿山在开拓矿山资源、掘进、采煤和煤炭洗选等生产过程中排出的含碳岩石，是煤矿及矿石生产过程中产生的废弃物及边角料。截止 2018 年，据不完全统计数据显示，煤矸石及尾矿的堆存量超过 50 亿吨，每年新增量约为 7. 5 亿吨，综合利用率低于 30％。

根据最新的要求，煤矸石的基本处理原则一般为：井下矸石不升井，洗选矸石不上山。煤矸石及矿山尾矿综合利用研究方式及目标主要为：通过与科研机构、地方政府联手合作，发展高技术含量、高附加值的煤矸石综合利用技术和产品，实现变废为宝，彻底消灭矿区矸石山，打造新的企业经济增长点。但是，整体而言我国煤矸石及尾矿的综合利用工作起步相对较晚，且仍处于初级阶段，现有的处置问题主要包括：技术上表现为产品附加值低、技术含量低，基础理论科技投入少、科技力量分散且被动等；规模上表现为原料用量小及技术不易推广等，缺少行业产业化示范工程；政策上国家相关扶持力度较低，财政支持力度小，政策不明朗；同时，生产单位如煤矿及矿山单位疲于生产压力，技术关注度低，需求分散且内动力小等。目前，煤矸石的应用研究集中在充填、发电、生产建筑材料、回收矿产品、制取化工产品、筑路、土地复垦等领域。随着社会经济和技术的发展，其利用率必将不断提高，可预见在未来，煤煤矸石及矿山尾矿是必将成为多应用领域中不可或缺的优质资源。

《煤矸石综合利用管理办法（2014 年修订版）》的实施，对煤矸石的综合利用提出了更高的要求，旨在引导和规范煤矸石综合利用行为，减少其对土地资源占用和环境影响，促进循环经济发展，推进生态文明建设。大量科技工作者及企业的介入，对煤煤矸石及矿山尾矿综合利用相关新的技术、新的标准需求也达到前所未有的程度。期望通过各方努力，危机能转为契机，加快煤矸石及矿山尾矿综合利用技术深入研究，进而促进煤矸石及矿山尾矿综合利用的相关标准的升级与新领域应用标准的建立。

编写组现将现行煤矸石及矿山尾矿相关标准整理成册，编集了截止 2019 年底的 22 条相关综合利用现行标准，供参考。以资源的角度来重新认识煤矸石及矿山尾矿的综合利用，政、产、学、研、用多方联动制订更多应用领域与之相关的各类标准，开发和研究更多大量可产业化的应用技术，为煤矸石及矿山尾矿大量、高值、资源化利用提供适宜的处置方法与技术支撑，促进其综合利用产业的循环发展，实现资源的二次及多次循环利用，深刻践行“绿水青山就是金山银山”的生态环保理念。

华电电力科学研究院有限公司首席研究员

教授级高级工程师